手工婴儿毛线鞋

张翠 主编

U0215027

妈咪必备
手编系列

海峡出版发行集团
THE STRAITS PUBLISHING & DISTRIBUTING GROUP

福建科学技术出版社
FUJIAN SCIENCE & TECHNOLOGY PUBLISHING HOUSE

图书在版编目（CIP）数据

手工婴儿毛线鞋 / 张翠主编. —福州：福建科学技术
出版社，2017.1

（妈咪必备手编系列）

ISBN 978-7-5335-5229-9

Ⅰ.①手… Ⅱ.①张… Ⅲ.①童鞋－绒线－编织－图
集 Ⅳ.①TS941.763.8-64

中国版本图书馆CIP数据核字（2016）第311906号

书　　名	手工婴儿毛线鞋	
	妈咪必备手编系列	
主　　编	张翠	
出版发行	海峡出版发行集团	
	福建科学技术出版社	
社　　址	福州市东水路76号（邮编350001）	
网　　址	www.fjstp.com	
经　　销	福建新华发行（集团）有限责任公司	
印　　刷	福建地质印刷厂	
开　　本	889毫米×1194毫米　1/16	
印　　张	6	
图　　文	96码	
版　　次	2017年1月第1版	
印　　次	2017年1月第1次印刷	
书　　号	ISBN 978-7-5335-5229-9	
定　　价	29.80元	

Contents
目录

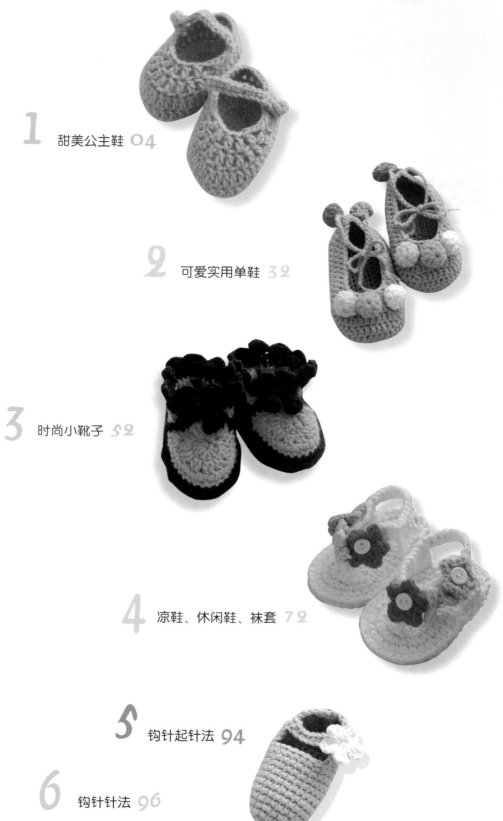

1

甜美公主鞋

01

编织方法　P06

编织方法　P06～07

02

可爱珍珠花 >

< 漂亮蝴蝶结

作品01

【成品规格】 鞋底长9cm，鞋宽3.5cm

【工　　具】 2.5mm钩针

【材　　料】 粉红色毛线80g
白色珠子6颗
绿色无纺布2片

编织说明： 粉红色纽扣2颗

1.鞋底的钩法：第1圈起9针锁针，倒数第2针插针起钩，第1圈钩18针短针，第2圈在两尖端加针，一圈共加6针，共24针，第3圈鞋头加针3针，鞋后跟加针3针，第4圈同样加针，共加6针，总针数达到36针。

2.鞋面的钩法：第1行，围绕鞋底边的第1行，不加减针挑边圈钩1行长针，第2行参照图解钩长针，鞋头减针，鞋后跟减2针，第3行不加减针，钩织短针1圈。

3.鞋带的钩法：鞋带在第4行侧面上钩织，两只鞋，当钩织到鞋侧内侧面时，起钩锁针13针，返回第2针插针起钩短针，钩织12针，再接着钩织鞋侧面，回到起点，引拔结束。

4.鞋面小花的钩法：参照图解。

5.缝上纽扣并将装饰小花缝合在鞋面上。

结构图

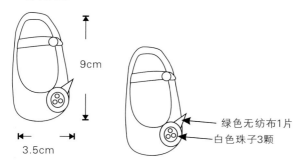

9cm

3.5cm

绿色无纺布1片
白色珠子3颗

鞋底的钩法 粉红色

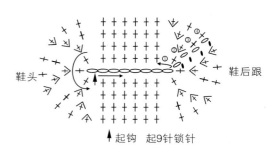

鞋头　　　　　　　　　　鞋后跟

↑起钩　起9针锁针

鞋面的钩法 粉红色

符号说明：

↑ 起钩　　　+ 短针
○ 锁针　　　↓ 短针加针
　　　　　　（在1针眼里钩2针短针）
○○○○ 锁针链
　　　　　　↑ 短针加针
§ 立针　　　（在1针眼里钩2针短针）
● 引拔针
▽ ▷ 圈织时　　f 长针
　　连接点　　F 长长针

扣眼

鞋带　　　鞋头中线

4

1

①　　　　　　　　⑯

沿鞋底

鞋面装饰小花的钩法

粉红色

作品02

【成品规格】 鞋底长10cm，鞋宽4.5cm

【工　　具】 4.0mm钩针

【材　　料】 蓝灰色毛线80g
红色毛线少许

编织说明：

1.鞋底的钩法：第1圈起15针锁针，倒数第4针插针起钩，第1行圈钩32针长针，第2圈，钩3针锁针为立针，如图圈钩，鞋头鞋后各加6针。总针数共44针。

2.鞋面的钩法：第1行，围绕鞋底第2圈不加减针挑边圈钩1行长针，第2行鞋头减针，鞋后跟减2针，第3行鞋尖减3针，第4行换红色线钩织短针1圈，在钩织至鞋内侧面时，钩织鞋带，起13针锁针，返回第2针锁针插针起钩织12针短针。

3.鞋口的钩法：在鞋口圈钩1行红色短针。

4.鞋面蝴蝶结的钩法：参照下页图解。

5.鞋带的钩法：参照下页图解。

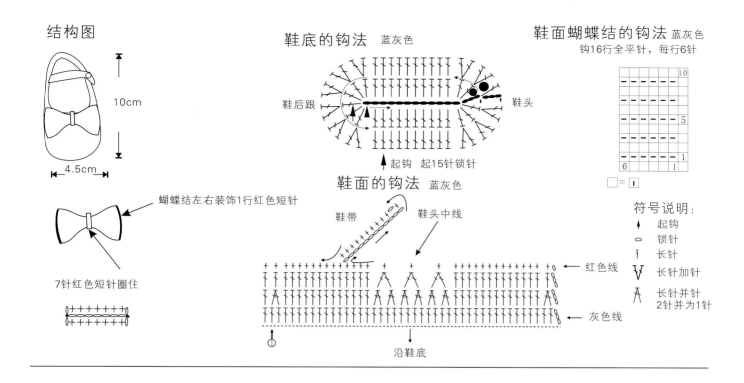

结构图

10cm

4.5cm

蝴蝶结左右装饰1行红色短针

7针红色短针圈住

鞋底的钩法 蓝灰色

鞋后跟　鞋头

起钩 起15针锁针

鞋面的钩法 蓝灰色

鞋带　鞋头中线

红色线

灰色线

沿鞋底

鞋面蝴蝶结的钩法 蓝灰色
钩16行全平针，每行6针

					10
					5
					1
6				1	

□ = 1

符号说明：
↑ 起钩
○ 锁针
† 长针
V 长针加针
人 长针并针
2针并为1针

作品03

【成品规格】鞋底长9cm，鞋宽3.5cm

【工　　具】2.5mm钩针

【材　　料】白色毛线100g
咖啡色和黄色毛线少许
白色纽扣2枚

编织说明：

1.鞋底的钩法：第1圈起13针锁针，倒数第2针插针起钩，共26针，第2圈在两尖端加针，一圈共加6针，共32针，第3圈鞋头加针

3针，鞋后跟加针3针，第4圈同样加针，共加6针，总针数达到44针。
2.鞋面的钩法：在鞋底长的基础上，钩白色线，不加不减圈钩2行长针，参照图解第3行到第4行鞋头左右减针。
3.鞋带的钩法：参照鞋带钩法钩鞋带2条。
4.鞋面装饰花的钩法：参照图解钩立体花2朵，花心为咖啡色，花瓣为黄色。

结构图

9cm

3.5cm

鞋底的钩法 白色

鞋头　鞋后跟

起钩 起13针锁针

鞋带的钩法 白色

35针
鞋后跟中线

扣眼

与鞋后跟缝合

鞋面的钩法 白色

鞋头中线

沿鞋底

符号说明：
○ 锁针
+ 短针
† 长针
↓ 短针加针
（在1针眼里钩2针短针）
人 长针并针
2针并为1针

鞋面花朵的钩法

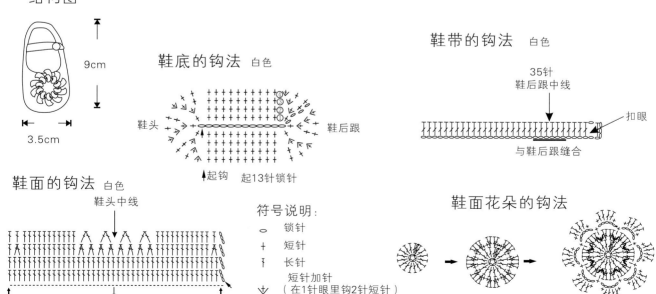

紫色　　黄色　　黄色

编织方法 P07

编织方法 P10

03

04

〈 阳光小雏菊

可爱双层花 〉

05 编织方法 P₁₀~₁₁

作品04

【成品规格】 鞋底长9cm，鞋宽3.5cm

【工 具】 2.5mm钩针

【材 料】 蓝色毛线100g
黑色和白色毛线少许
白色纽扣2枚

编织说明：

1.鞋底的钩法：第1圈起15针锁针，返回第2针锁针插针起钩短针，1针短针对应1针锁针钩11针短针，最后1针锁针眼里钩3针短针，转到对面，1针短针对应1针锁针钩10针短针，最后1针眼里钩2针短针，这样就是两边2针锁针里各钩3针短针，往后的加针都在这3针上变化。第2圈，钩1针锁针，在第1针锁针里钩2短针，然后钩10针短针，尽头3短针各加1针，转到对面，钩10针短针，最后2针短针各加1针，引拔到开头立针上。第3圈，第4圈，方法与第2圈相同，依照图解编织，共织成4圈短针，总针数为44针。

2.鞋面的钩法：在鞋底长的基础上，钩绿色线，不加不减圈钩2行长针，参照图解第3行到第4行鞋头左右减针。

3.鞋带的钩法：在鞋内侧面的中央起一条17针的锁针再钩长针。

4.鞋面小花的钩法：参照图解。

5.缝上纽扣，并将小花缝合在鞋面上。

结构图

9cm

3.5cm

鞋底钩法

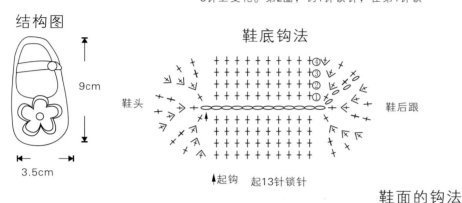

鞋头

鞋后跟

↑起钩 起13针锁针

符号说明：

○ 锁针

十 短针

⊥ 长针

⩔ 短针加针
（在1针眼里钩2针短针）

λ 长针并针

⋏ 2针并为1针

鞋面小花的钩法

上层白色 下层黑色

 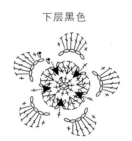

鞋面的钩法

扣眼 绿色

绿色

鞋带的钩法

鞋头中线

44 ① 沿鞋底

作品05

【成品规格】 鞋底长9cm，鞋宽3.5cm

【工 具】 2.5mm钩针

【材 料】 白色毛线100g
蓝色毛线少许
白色纽扣2枚

编织说明：

1.鞋底的钩法：第1圈起17针锁针，钩5行短针，参照图解，鞋头和鞋后跟加针。

2.鞋面的钩法：参照图解，先钩1行蓝色短针，再钩8针白色短针。

3.鞋带的钩法：在鞋后跟钩1行短针，延伸钩鞋带，缝上纽扣。

4.鞋面绑带的钩法：钩2条蓝色锁针链，打蝴蝶结缝合在鞋面上。

结构图

9cm

3.5cm

鞋面的钩法

围绕鞋底长的鞋头钩28针蓝色短针，再从鞋头起钩8行白色短针

→5

→1

鞋底的钩法 白色

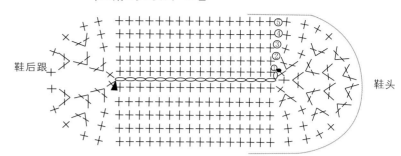

鞋后跟

鞋头

符号说明：

符号	说明
○	锁针
+	短针
┼	长针
⋀	短针加针

鞋带的钩法 蓝色

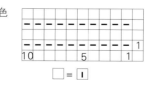

与鞋后跟连接

扣眼

作品06、07、08

【成品规格】 鞋底长10cm，鞋宽4cm

【工　　具】 10号棒针

【材　　料】 蓝色毛线100g
红色毛线少许
纽扣2枚

编织说明：

1.编织鞋底和鞋面，起70针编织平针，编织18行后，将长方形对折后参照图解缝合，形成鞋子的形状。
2.编织鞋带，共4行。
3.参照鞋面小花的钩法，钩花朵2朵，缝合在鞋面上。
4.缝上纽扣2枚。

鞋底和鞋面编织法

起70针编织平针，编织18行

蓝色

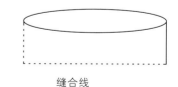

将长方形
对折缝合

缝合线

□ = □

鞋面小花的钩法

每行长针都插在花心上，形成1朵花

结构图

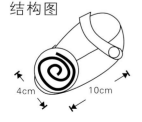

4cm　10cm

鞋带编织法 蓝色

扣眼

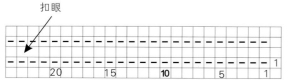

20　15　**10**　5　1

06 | 编织方法 P11

07 | 编织方法 P11

08 | 编织方法 P11

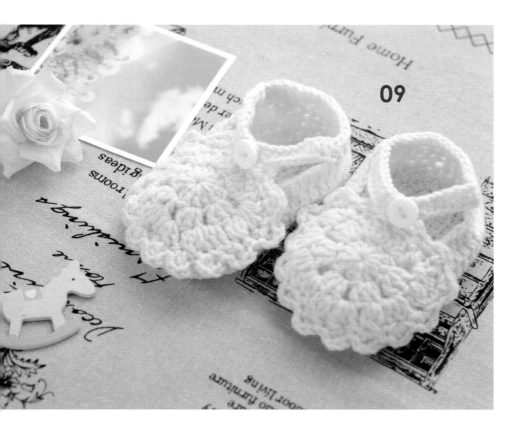

09

编织方法 P14

编织方法 P14~15

10

作品09

【成品规格】 鞋底长9cm，鞋宽3.5cm

【工　　具】 2.5mm钩针

【材　　料】 黄色毛线100g
白色纽扣2枚

编织说明：

1.鞋底的钩法：第1圈起17针锁针，返回第4针针眼插针编织2针长针，接下来是1针锁针对应1针长针，钩织12针长针，在最后一个针眼里钩织6针长针，转到对面，1针锁针对应1针长针，钩织12针长针，在最后一个针眼里，钩织3针长针。第2圈，起3针锁针为立针，在第1针锁针里插针钩1针长针，继续编织2针长针同时各加1针长针，接下来不加减针钩织12针长针，最后从末端最后一个针眼里钩6针长针，同时6针长针里再各加1针长针，到对面，不加减针，钩织12针长针，最后3针长针同时各加1针长针。第3圈，钩3针锁针为立针，在立针上加1针长针，下一针眼钩1针长针，同时加针1针，钩1针的加针方法，重复1次，接着是不加减针钩织12针长针，隔1针长针加1针长针的方法重复6次，转到对面，钩织12针长针，最后是加针方法重复2次，详细请依照鞋底图解。

2.鞋面的钩法：第1行，围绕鞋底的第1行，第2行不加减针挑边圈钩1行长针，第3~5行不加减针圈钩1行长针，参照图解鞋头每行减2针，鞋后跟不加减针。

3.鞋后跟连鞋带的钩法：参照图解。

4.鞋面小花的钩法：参照图解钩完后，与鞋面缝合。

5.缝上纽扣。

结构图

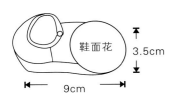

3.5cm

9cm

符号说明：

○	锁针	A	长针并针 2针并为1针
+	短针		
┃	长针	8	立针
V	长针加针 1针眼里钩2针长针		

鞋底的钩法　黄色

鞋头

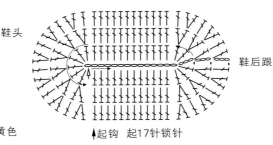

鞋后跟

↑起钩　起17针锁针

鞋面花的钩法　黄色

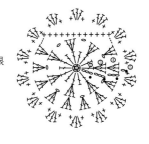

鞋面和鞋面的钩法　黄色

鞋头中线

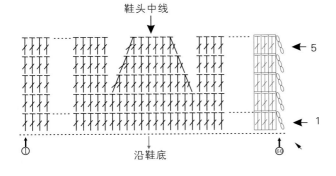

← 5

← 1

沿鞋底

鞋后跟连鞋带的钩法　黄色

鞋后跟中点

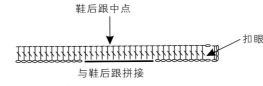

扣眼

与鞋后跟拼接

作品10

【成品规格】 鞋底长10cm，鞋宽4cm

【工　　具】 2.5mm钩针

【材　　料】 橙色毛线100g
白色纽扣2枚

编织说明：

1.鞋底的钩法：第1圈起17针锁针，返回第4针针眼插针编织2针长针，接下来是1针锁针对应1针长针，钩织12针长针，在最后一个针眼里钩织6针长针，转到对面，1针锁针对应1针长针，钩织12针长针，在最后一个针眼里，钩织3针长针。第2圈，起3针锁针为立针，在第1针锁针里插针钩1针长针，继续编织2针长针同时各加1针长针，接下来不加减针钩织12针长针，最后从末端最后一个针眼里钩6针长针，同时6针长针里再各加1针长针，到对面，不加减针，钩织12针长针，最后3针长针同时各加1针长针。第3圈，钩3针锁针为立针，在立针上加1针长针，下一针眼钩1针长针，同时加针1针，钩1针的加针方法，重复1次，接着是不加减针钩织12针长针，隔1针长针加1针长针的方法重复6次，转到对面，钩织12针长针，最后是加针方法重复2次，详细请依照鞋底图解。

2.鞋面的钩法：第1行，围绕鞋底长的第1行，第2行不加减针挑边圈钩1行长针，第3~4行不加减针圈钩1行长针，鞋头减2针，第5行，鞋后跟不加减针鞋头钩织16针。

3.鞋后跟连鞋带的钩法：以鞋后跟中线为中点，钩20针。

4.鞋口钩1行短针，鞋子左右侧缝上纽扣2枚。

结构图

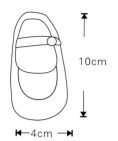

10cm

◄—4cm—►

鞋底的钩法　橙色

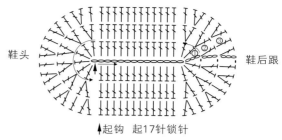

鞋头　　　　　　　　　　　　　鞋后跟

↑起钩　起17针锁针

鞋面的钩法　橙色

鞋头中线

起钩　　　　　结束

沿鞋底

鞋后跟连鞋带的钩法　橙色

钩完鞋侧面和鞋面后，以鞋后跟中线为中点左右钩20针，共钩2行

2
1　　　　　　　　　　　　　　　　　　扣眼

符号说明：

○	锁针	⼈	长针并针 2针并为1针
+	短针	∥	立针
⊥	长针	V	长针加针 1针眼里 钩2针长针
↓	短针加针（在1针眼里钩2针短针）		

作品11

【成品规格】 鞋底长10cm，鞋宽4.5cm

【工　　具】 4.0mm钩针

【材　　料】 黑色毛线80g
红色毛线少许

编织说明：

1.鞋底的钩法：第1圈起15针锁针，3针立起针，第2行圈钩31针长针，3针立起针，如下

图圈钩，注意中间有短针和中长针的过渡，鞋头加针4针，鞋后跟加针3针。
2.鞋面的钩法：第1行，围绕鞋底长的第1行，第2~3行不加减针挑边圈钩1行短针，鞋头减针，每行减2针，鞋后跟不加减针。
3.鞋面半花的钩法：参照图解。
4.鞋带的钩法：参照图解。

结构图

半花

10cm

◄—4.5cm—►

鞋底的钩法　黑色

鞋后跟　　　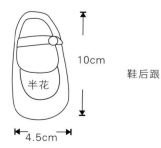　　　鞋头

符号说明：

○	锁针	∥	立针
+	短针	V	长针加针 1针眼里 钩2针长针
⊥	长针		
↓	短针加针（在1针眼里钩2针短针）		
	⼈	长针并针 2针并为1针

鞋面的钩法　黑色

鞋头中线

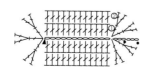
3
1

鞋带的钩法　黑色

17针锁针

扣眼

鞋面半花的钩法　红色

总共钩4行，最后1行短针与鞋头相拼接

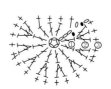

15

11

12

编织方法 P15

编织方法 P18

13 编织方法 P18~19

符号说明：

○	锁针
┼	短针
┼	长针
⋎	短针加针 （在1针眼里钩2针短针）
⋀	长针并针 2针并为1针
8	立针
⋎	长针加针 1针眼里 钩2针长针
⌡	内钩长针

作品12

【成品规格】 鞋底长9cm，鞋宽4cm

【工　　具】 2.5mm钩针

【材　　料】 紫色毛线60g
　　　　　　　绿色毛线少许
　　　　　　　纽扣2枚

编织说明：

1.鞋底的钩法：第1圈起15针锁针，返回第2针锁针插针起钩，起钩短针，1针短针对应1针锁针钩13针短针，最后1针锁针眼里钩3针短针，转到对面，1针短针对应1针锁针钩12针短针，最后一针眼里，钩2针短针，这样就是两边2针锁针里各钩3针短针，往后的加针都在这3针上变化。第2圈钩1针锁针为立针，第1针里钩2短针，然后钩12针短针，尽头3针短针各加1针，转到对面，钩12短针，最后2针短针各加1针，引拔到开头立针上。第3圈，第4圈，方法与第2圈相同，依照图解编织，共织成4圈短针，总针数为48针。

2.鞋面的钩法：用紫色线。第1行起3锁针为立针，围绕鞋底的第4圈，钩织内钩长针，不加减针，共48针，引拔到立针结束。第2行钩长针，鞋尖有减针，依照图解并针编织，完成后引拔结束，再起立针编织第3行长针，依照图解编织。鞋尖隔1针钩1针的方法减针，最后1行引拔针，钩到鞋侧内侧时，起锁针钩织鞋带，返回钩织短针，回到鞋侧边缘，继续编织引拔针。

3.缝上纽扣。

鞋底的钩法　绿色

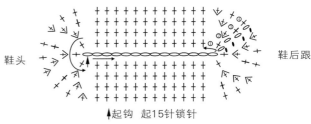

鞋头　　　　　　　　　　　　　　　鞋后跟

↑起钩　起15针锁针

鞋面的钩法　紫色

鞋带的钩法　紫色

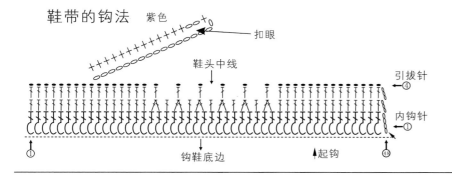

扣眼

鞋头中线

引拔针
④

内钩针
①

钩鞋底边　　　　↑起钩　　起钩

结构图

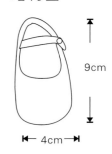

9cm

4cm

作品13

【成品规格】 鞋底长9cm，鞋宽3.5cm

【工　　具】 2.5mm钩针

【材　　料】 紫色毛线80g
　　　　　　　深紫色和白色毛线少许
　　　　　　　白色纽扣2枚

编织说明：

1.鞋底的钩法：第1圈起17针锁针，返回第4针针眼插针编织2针长针，接下来是1针锁针对应1针长针，钩织12针长针，在最后一个针眼里钩织6针长针，转到对面，1针锁针对应1针长针，钩织12针长针，在最后1个针眼里，钩织3针长针。第2行，起3针锁针为立针，然后在第1针锁针里插针钩1针长针，接下来2针长针各加1针长针，不加减针钩织12针长针，最后末端针眼钩6针长针，同时各加1针长针，到对面不加减针，钩织12针长针，最后3针长针同时各加1针长针。第3行，钩3针锁针为立针，在立针上加1针长针，下1针眼钩1针长，接着是加针1针，1针长的加针方法，重复1次，然后不加减针钩12针长针，再隔1针长针加1针长针的方法重复6次，转到对面，钩织12针长针，最后是加针方法重复2次，详细请依照鞋底图解。

2.鞋面的钩法：鞋侧面，第1行沿鞋底最后1行，不加减针，钩织1圈长针，第2行起至第4行鞋尖有减针，依照图解进行编织。第5行钩织短针，钩到鞋侧面内侧时起17锁针，返回第4针插针钩2针长针后钩1锁针作扣眼，然后钩织11针长针，引拔到鞋侧第5行短针上，将接下来的短针钩完结束，缝上纽扣。

3.鞋面小花的钩法：钩织白色圆圈2个、深紫色圆圈2个、叶子4片。

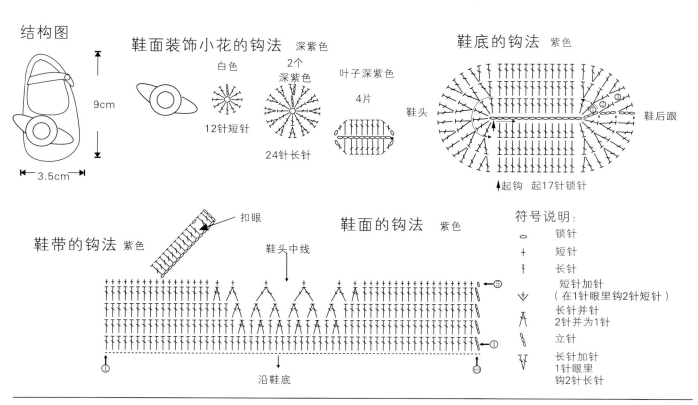

结构图

鞋面装饰小花的钩法 深紫色

白色

2个
深紫色

叶子深紫色
4片

12针短针

24针长针

鞋底的钩法 紫色

鞋头

鞋后跟

↑起钩 起17针锁针

鞋带的钩法 紫色

扣眼

鞋面的钩法 紫色

鞋头中线

符号说明：

○ 锁针

十 短针

Ŧ 长针

短针加针
（在1针眼里钩2针短针）

长针并针
2针并为1针

立针

长针加针
1针眼里
钩2针长针

沿鞋底

结构图

9cm

3.5cm

作品14

【成品规格】 鞋底长9cm，鞋宽3.5cm

【工　　具】 2.5mm钩针

【材　　料】 绿色和红色毛线各50g
纽扣2枚

编织说明：

1.鞋底的钩法：第1圈起17针锁针，返回第4针针眼插针编织2针长针，接下来是1针锁针对应1针长针，钩织12针长针，在最后一个针眼里钩织6针长针，转到对面，1针锁针对应1针长针，钩织12针长针，在最后1个针眼里，钩织3针长针。第2行，起3针锁针为立针，然后在第1针锁针里插针钩1针长针，接下来2针长针各加1针长针，不加减针钩织

12针长针，最后末端针眼钩6针长针，同时各加1针长针，到对面不加减针，钩织12针长针，最后3针长针同时各加1针长针。第3行，钩3针锁针为立针，在立针上加1针长针，下1针眼钩1针长，接着是加针1针，钩1针的加针方法，重复1次，然后不加减针钩织12针长针，再隔1针长针加1针长针的方法重复6次，转到对面，钩织12针长针，最后是加针方法重复2次，详细请依照鞋底图解。

2.鞋面的钩法：鞋侧面，第1行沿鞋底最后1行，不加减针，钩织1圈长针，第2行起至第4行鞋尖有减针，依照图解进行编织。第5行钩织短针，钩到鞋侧面内侧时，起17锁针，返回第4针插针钩2针长针后钩1锁针作扣眼，然后钩织11针长针，引拔到鞋侧第5行短针上，将接下来的短针钩完结束。

3.鞋面小花的钩法：参照图解钩鞋面小花2朵，缝合在鞋面上。

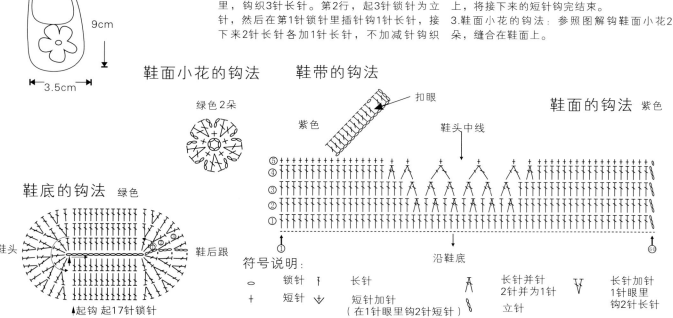

鞋面小花的钩法

绿色2朵

鞋带的钩法

紫色

扣眼

鞋面的钩法 紫色

鞋头中线

鞋底的钩法 绿色

鞋头

鞋后跟

↑起钩 起17针锁针

沿鞋底

符号说明：

○ 锁针　　Ŧ 长针　　　　　　　　长针并针　　　长针加针
十 短针　　▽ 短针加针　　　　　2针并为1针　　1针眼里
　　　　　　（在1针眼里钩2针短针）　　立针　　钩2针长针

14 | 编织方法 P19

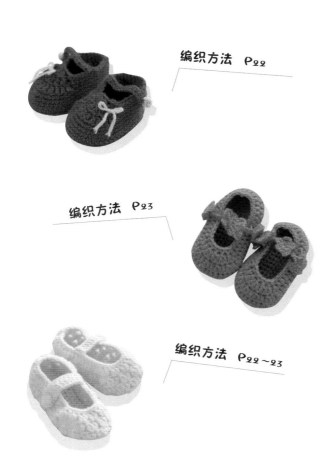

编织方法 P22

编织方法 P23

编织方法 P22~23

15

16

17

21

作品15

【成品规格】 鞋底长9cm，鞋宽4cm

【工　　具】 3.0mm钩针

【材　　料】 蓝色毛线100g
　　　　　　　粉红色毛线少许

编织说明：

1.鞋底的钩法：第1圈起20针锁针，返回第4针针眼插针编织2针长针，接下来是1针锁针对应1针长针，钩织15针长针，在最后一个针眼里钩织6针长针，转到对面，1针锁针对应1针长针，钩织15针长针，在最后1个针眼里，钩织3针长针。第2行，起3针锁针为立针，然后在第1针锁针里插针钩1针长针，接下来2针长针各加1针长针，不加减针钩织15针长针，最后末端针眼钩6针长针，同时各加1针长针，到对面不加减针，钩织15针长针，最后3针长针同时各加1针长针。第3行，钩3针锁针为立针，在立针上加1针长针，下1针眼钩1针长针，接着是加针1针，钩1针的加针方法，重复1次，然后不加减针钩织15针长针，再隔1针长针加1针长针的方法重复6次，转到对面，钩织15针长针，最后是加针方法重复2次，详细请依照鞋底图解。

2.鞋面的钩法：共圈钩9针短针，鞋头部分在第7~9行钩长针减针。

3.鞋带的钩法：参照图解。

4.鞋面系蝴蝶结，鞋侧面缝纽扣2颗。

结构图

9cm

4cm

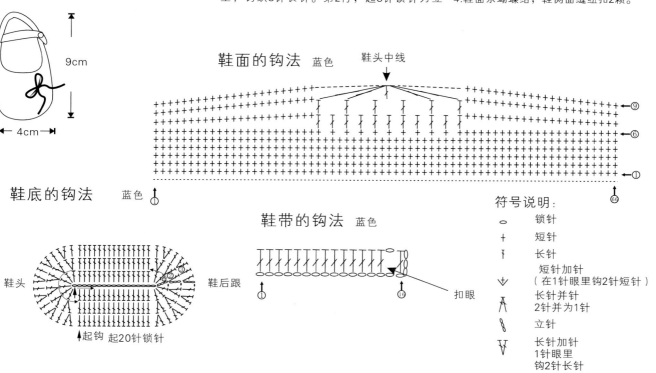

鞋面的钩法　蓝色

鞋头中线

⑨

⑥

①

鞋底的钩法　蓝色　①

69

鞋带的钩法　蓝色

鞋头　　起钩　起20针锁针　　鞋后跟

①　　　16　　　扣眼

符号说明：

○	锁针
+	短针
Ⅰ	长针
Ⅴ	短针加针（在1针眼里钩2针短针）
⋀	长针并针 2针并为1针
8	立针
Ⅴ	长针加针 1针眼里 钩2针长针

作品16

【成品规格】 鞋底长9cm，鞋宽5cm

【工　　具】 2.5mm钩针

【材　　料】 粉红色毛线50g
　　　　　　　白色纽扣2枚

编织说明：

1.鞋底的钩法：第1圈起20针锁针，返回第4针针眼插针编织2针长针，接下来是1针锁针对应1针长针，钩织15针长针，在最后一个针眼里钩织6针长针，转到对面，1针锁针对应1针长针，钩织15针长针，在最后1个针眼里钩织3针长针。第2行，起3针锁针为立针，然后在第1针锁针里插针钩1针长针，接下来2针长针各加1针长针，不加减针钩织15针长针，最后末端针眼钩6针长针，同时各加1针长针，到对面不加减针，钩织15针长针，最后3针长针同时各加1针长针。第3行，钩3针锁针为立针，在立针上加1针长针，下1针眼钩1针长针，接着是加针1针，钩1针的加针方法，重复1次，然后不加减针钩织15针长针，再隔1针长针加1针长针的方法重复6次，转到对面，钩织15针长针，最后是加针方法重复2次，详细请依照鞋底图解。

2.鞋面的钩法：钩4行，前2行不加减针，第3行鞋头中线左右15针减5针，第4行短针不加减针。

3.鞋带的钩法：在鞋口的中央起一条17针的锁针，钩长针，留下扣眼。

4.在左右鞋侧面上缝上纽扣。

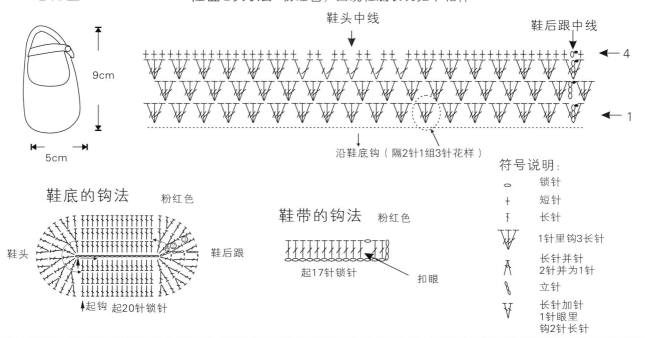

结构图

鞋面的钩法 粉红色，围绕鞋底长钩如下花样

鞋头中线

鞋后跟中线

9cm

5cm

沿鞋底钩（隔2针1组3针花样）

符号说明：

○ 锁针
+ 短针
┤ 长针
VVV 1针里钩3长针
Λ 长针并针 2针并为1针
⅋ 立针
VV 长针加针 1针眼里 钩2针长针

鞋底的钩法 粉红色

鞋头　鞋后跟

起钩 起20针锁针

鞋带的钩法 粉红色

起17针锁针　扣眼

作品17

【成品规格】鞋底长8cm，鞋宽3.5cm

【工　　具】2.5mm钩针

【材　　料】红色毛线80g

编织说明：

1.鞋底的钩法：第1圈起17针锁针，返回第4针针眼插针编织2针长针，接下来是1针锁针对应1针长针，钩织12针长针，在最后一个针眼里钩6针长针，转到对面，1针锁针对应1针长针，钩织12针长针，在最后1个针眼里，钩织3针长针。第2行，起3针锁针为立针，然后在第1针锁针里插针钩1针长针，接下来2针长针各加1针长针，不加减钩织12针长针，最后末端针眼钩6针长针，同时各

加1针长针，到对面不加减针，钩织12针长针，最后3针长针同时各加1针长针。第3行，钩3针锁针为立针，在立针上加1针长针，下1针眼钩1针长针，接着是加针1针，钩1针的加针方法，重复1次，然后不加减钩织12针长针，再隔1针长针加1针长针的方法重复6次，转到对面，钩织12针长针，最后是加针方法重复2次，详细请依照鞋底图解。

2.鞋面的钩法：鞋侧面，第一行沿鞋底最后一行，不加减针，钩织一圈长针，第二行起至第4行，鞋尖有减针，依照图解进行编织。第5行钩织短针，钩到鞋侧面内侧时，起17锁针，返回第4针插针钩2针长针后钩1锁针作扣眼，然后钩织11针长针，引拔到鞋侧第5行短针上，将接下来的短针钩完结束。

3.鞋带的钩法：用一线连的方法钩4朵小花作为鞋带。

结构图

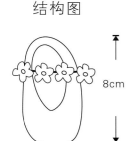

8cm

3.5cm

鞋底的钩法 红色

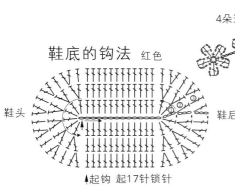

鞋头　鞋后跟

起钩 起17针锁针

鞋带的钩法 红色

4朵连成一线的小花

鞋面的钩法 红色

鞋头中线

⑤④③②①

沿鞋底

符号说明：

○ 锁针
+ 短针
┤ 长针
Λ 长针并针 2针并为1针
VV 长针加针 1针眼里 钩2针长针
⅋ 立针

23

18 编织方法 P26

编织方法 P26~27

编织方法 P27

19

20

< 淡雅茉莉花

雪白双层花 >

作品18

【成品规格】 鞋底长9cm，鞋宽3.5cm

【工 具】 2.5mm钩针

【材 料】 灰色毛线80g
红色毛线少许
绿色无纺布4片
木色纽扣2枚

编织说明：

1.鞋底的钩法：第1行锁针起钩，起17针锁针，返回第4针针眼插针编织2针长针，接下来是1针锁针对应1针长针，钩织12针长针，在最后一个针眼里钩织6针长针，转到对面，1针锁针对应1针长针，钩织12针长针，在最后1个针眼里，钩织3针长针。第2行，起3针锁针为立针，然后在第1针锁针里插针钩1针长针，接下来2针长针各加1针长针，不加减针钩织12针长针，最后末端针眼钩6针长针，同时各加1针长针，到对面不加减针，钩织12针长针，最后3针长针同时各加1针长针。第3行，钩3针锁针为立针，在立针上加1针长针，下1针眼钩1针长针，接着是加针1针，钩1针的加针方法，重复1次，然后不加减针钩织12针长针，再隔1针长针加1针长针的方法重复6次，转到对面，钩织12针长针，最后是加针方法重复2次，详细请依照鞋底图解。

2.鞋面的钩法：鞋侧面，第1行沿鞋底最后1行，不加减针钩织1圈长针，第2行鞋尖有减针，依照图解进行编织。第3行不加减针钩织短针，第4行编织短针，钩到鞋侧面内侧时，起13锁针，返回第4针插针钩2针长针后1锁针作扣眼，然后钩织11针长针，引拔到鞋侧第4行短针上，将接下来的短针钩完结束。

3.鞋面小花的钩法：参照图解。

4.将木色纽扣和小花及装饰缝合在鞋面上。

结构图

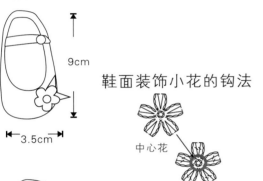

9cm

3.5cm

鞋面装饰小花的钩法　红色

中心花

灰色线挑1行拉拔针

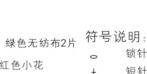

绿色无纺布2片

红色小花

符号说明：

○	锁针
+	短针
†	长针
⋀	长针并针 2针并为1针
⋎	长针加针 1针眼里 钩2针长针
⅄	立针

鞋面的钩法　灰色

鞋带

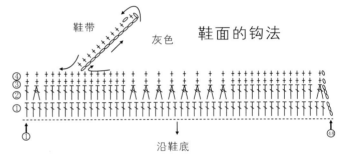

沿鞋底

鞋底的钩法　灰色

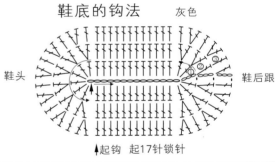

鞋头　　　鞋后跟

起钩　起17针锁针

作品19

【成品规格】 鞋底长9cm，鞋宽3.5cm

【工 具】 2.5mm钩针

【材 料】 粉红色毛线100g
白色毛线少许

编织说明：

1.鞋面连鞋底的钩法：从鞋尖起钩，线绕左手食指2圈，在圈内起钩短针6针，第2行每个针眼各加1针，总针数共12针；第3行隔1针加1针，加了6针，共18针；第4行隔2针短针加1针，加了6针，共24针，从第5起不加减针，钩织8行，下一行钩织16针即返回钩织，共钩织10行后，将这16针中心对称对折缝合。未编织的8针短针留下的空间即是鞋口，缝合后引拔针到鞋侧面，起11针锁针，返回第2针插针起钩短针，下一针钩1针锁针作扣眼。最后将余下的短针钩完，引拔结束。

2.鞋带白色小花的钩法：参照下页图解。

鞋面连鞋底的钩法

结构图

粉红色

9cm

3.5cm

鞋带

对应缝合

扣眼

鞋口

鞋带白色小花的钩法

符号说明：

○	锁针	∨	短针加针（在1针眼里钩2针短针）
+	短针		
丁	长针	∨	长针加针1针眼里钩2针长针
8	立针		

作品20

【成品规格】 鞋底长10cm，鞋宽4cm

【工　具】 10号棒针和14号棒针

【材　料】 黄色毛线100g
白色毛线少许
纽扣2枚

编织说明：

1.编织鞋底，下针起针法起8针，来回编织，都织下针，就形成了搓板针，两边加针，各加1针加至16针，不加减针，织26行后两边进行减针，各减1针，减针织至余下8针，不收针，沿着鞋底边缘，用三针棒针或短环形针，沿边挑针，起织单罗纹花样。

2.编织鞋面，共12行，前10行为1行黄色单罗纹和1行白色单罗纹，最后2行改14号棒针编织平针。

3.参照图解编织鞋带连鞋后跟。

4.参照鞋面小花的钩法，钩花朵2朵，缝合在鞋面上，缝上纽扣2枚。

符号说明：

□	上针	○	锁针
□=□	下针	+	短针
		丁	长针
∨	长针加针1针眼里钩2针长针		

结构图

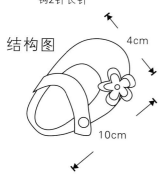

4cm

10cm

鞋面编织法

围绕鞋底编织单罗纹，1行黄色，1行白色，轮流替换。

更换14号棒针编织比较紧凑

10　　5　　1

5

1

□ = —

鞋面小花的钩法

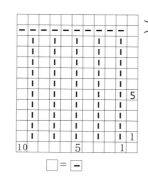

扣眼

鞋底的编织法 黄色

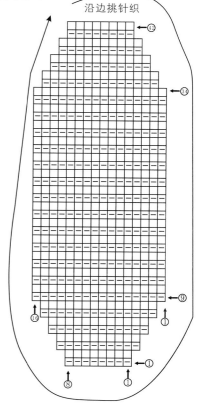

沿边挑针织

鞋后跟连鞋带编织法 黄色

鞋后跟中线

20　　15　　10　　5　　1

1

21

编织方法　P30

编织方法　P30～31

22

23 编织方法 P31

作品21

【成品规格】 鞋底长9cm，鞋宽3.5cm

【工　　具】 2.5mm钩针

【材　　料】 粉红色毛线60g
　　　　　　黄色毛线少许

编织说明：

1.鞋底的钩法：锁针起钩起15针锁针，返回第4针针眼插针编织2针长针，接下来是1针锁针对应1针长针，钩织10针长针，在最后一针锁针眼里，钩织6针长针，转到对面，1针锁针对应1针长针，钩织10针长针，在最后一针锁针眼里钩织3针长针。第2行，起3针锁针为立针，然后在第1针锁针里插针钩1针长针，

接下来2针长针同时各加1针长针，接下来不加减针钩织10针长针，最后末端针眼钩6针长针同时各加1针长针，到对面，不加减针钩织10针长针，最后3针长针同时各加1针长针。详细请依照鞋底图解。

2.鞋面的钩法：鞋侧面，第1行沿鞋底最后1行，不加减针，钩织1圈长针，第2行起至第4行，鞋尖有减针，依照图解进行编织。第4行钩织鞋面到鞋侧面内侧时，起17锁针，返回第2针插针钩1针短针后钩2锁针作扣眼，然后钩织13针短针，引拔到鞋侧第4行上，将接下来的长针钩完结束。

3.缝上纽扣。

结构图

9cm

3.5cm

鞋带的钩法　粉红色

扣眼

鞋面的钩法　粉红色

鞋头中线

④
③
②
①

①　　　　⑩

鞋底的钩法　黄色

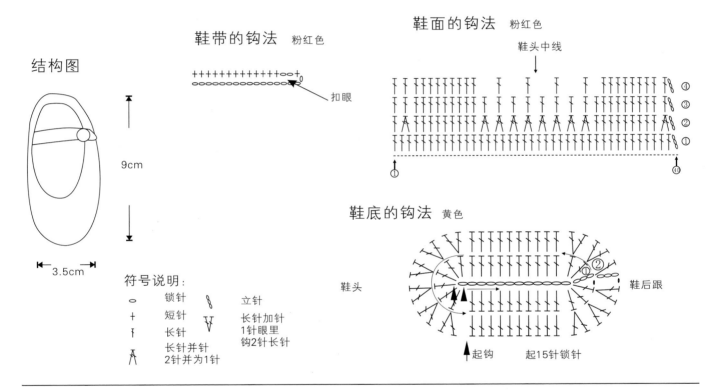

鞋头　　　　　　　　　　　　鞋后跟

起钩　　起15针锁针

符号说明：

○　锁针　　　§　立针
+　短针　　　V　长针加针
　　　　　　　　1针眼里
　　　　　　　　钩2针长针
Ⅰ　长针
Ａ　长针并针
　　2针并为1针

作品22

【成品规格】 鞋底长10cm　鞋宽4cm

【工　　具】 2.5mm钩针

【材　　料】 黄色毛线80g
　　　　　　红色和紫色毛线少许
　　　　　　白色纽扣2枚

编织说明：

1.鞋底的钩法：第1行锁针起钩，起17针锁针，返回第4针针眼插针编织2针长针，接下来是1针锁针对应1针长针，钩织12针长针，在最后1个针眼里钩织6针长针，转到对面，1针锁针对应1针长针，钩织12针长针，在最后1个针眼里，钩织3针长针。第2行，起3针锁针为立针，然后在第1针锁针里插针钩1针长针，接下来2针长针各加1针长针，不加减针钩织12针长针，最后末端针眼钩6针长针，

同时各加1针长针，到对面不加减针，钩织12针长针，最后3针长针同时各加1针长针。第3行，钩3针锁针为立针，在立针上加1针长针，下1针眼钩1针长针，接着是加针1针，钩1针的加针方法，重复1次，然后不加减针钩织12针长针，再隔1针长针加1针长针的方法重复6次，转到对面，钩织12针长针，最后是加针方法重复2次，详细请依照鞋底图解。

2.鞋面的钩法：鞋侧面，第1行沿鞋底最后1行，不加减针钩织1圈长针，第2行起至第3行，不加减针钩1圈，第4行起至第6行，鞋尖有减针，依照图解进行编织。第6行钩到鞋侧面内侧时，起20锁针，返回第4针插针钩1针长针后钩2锁针作扣眼，然后钩织14针长针，引拔到鞋侧第6行长针上，将接下来的长针钩完结束。

3.鞋面装饰小花的钩法：参照图解钩小花2朵，缝合在鞋面上，再缝上2枚纽扣。

结构图

10cm

4cm

鞋底的钩法 黄色

鞋头　　　　　　　　　　　　鞋后跟

↑起钩　起17针锁针

鞋面的钩法 黄色

扣眼

鞋带的钩法 黄色

鞋头中线

沿鞋底

①
③
②
①

鞋面装饰小花的钩法

紫色花心

红色花瓣

符号说明：

○	锁针
+	短针
┬	长针
⋏	长针并针 2针并为1针
8	立针
W	长针加针 1针眼里 钩3针长针
V	长针加针 1针眼里 钩2针长针

作品23

【成品规格】 鞋底长8cm，鞋宽4cm

【工　　具】 2.5mm钩针

【材　　料】 红色毛线40g，绿色和黄色毛线少许

编织说明：

1.鞋底的钩法：第1行锁针起钩，起17针锁针，返回第4针针眼插针编织2针长针，接下来是1针锁针对应1针长针，钩织12针长针，在最后一个针眼里钩织6针长针，转到对面，1针锁针对应1针长针，钩织12针长针，在最后1个针眼里，钩织3针长针。第2行，起3针

锁针为立针，然后在第1针锁针里插针钩1针长针，接下来2针长针各加1针长针，不加减针钩织12针长针，最后末端针眼钩6针长针，同时各加1针长针，到对面不加减针，钩织12针长针，最后3针长针同时各加1针长针。第3行，钩3针锁针为立针，在立针上加1针长针，下1针眼钩1针长针，接着是加针1针，钩1针的加针方法，重复1次，然后不加减针钩12针长针，再隔1针长针加1针长针的方法重复6次，转到对面，钩织12针长针，最后是加针方法重复2次，详细请依照鞋底图解。

2.鞋面的钩法：围绕鞋底长圈钩2行短针，第3~5行减针方法参照如下图解。鞋环钩8行，第8行与第1行长针缝合，穿绿色鞋带。

3.鞋带的钩法：绿色带子长度12cm，装饰小花为黄色。

结构图

4cm

8cm

鞋头

黄色小花2朵

鞋底的钩法 玫红色

鞋头　　　　　　　　　　　　鞋后跟

↑起钩　起17针锁针

鞋面的钩法

玫红色

中心对折

沿鞋底

鞋环的钩法

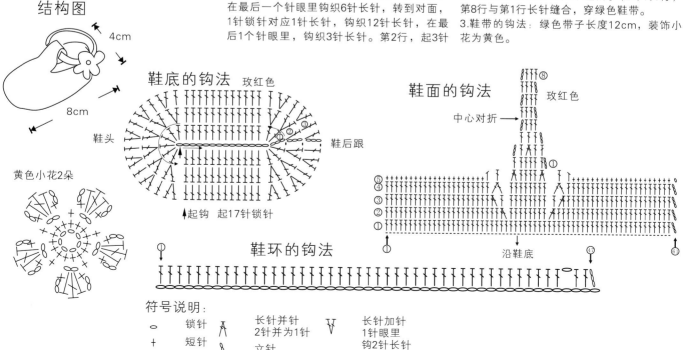

符号说明：

○	锁针	⋏	长针并针 2针并为1针	V	长针加针 1针眼里 钩2针长针
+	短针	8	立针		
┬	长针				

2

可爱实用单鞋

24

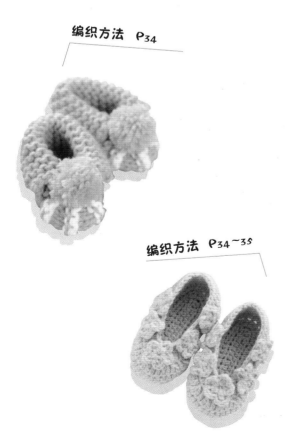

编织方法 P34

编织方法 P34~35

25

作品24

【成品规格】 鞋底长12cm，鞋高6cm

【工 具】 12号棒针

【材 料】 黄色毛线100g
白色毛线少许

编织说明：

1.下针起针法，起20针，来回编织下针，形成搓板针，不加减针，编织40行后，将作为鞋口翻边这部分，收掉8针，余下12针，继续依照图解编织，一行下针，一行上针，上针换用白色线编织，最后是黄色线织2行下针。织16行后，对应到起针行缝合。

2.参照缝合图将各边缝合。翻转鞋子，将缝合边藏于鞋内。

3.将毛绒球缝合在结构图的相应位置。

结构图

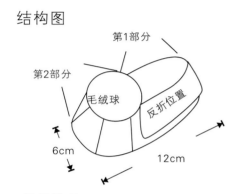

6cm
12cm

将FE与AG对应缝合，将ED边用一根线收紧，将FH边用另一根线收针，底边对折后将后跟部分收缩6针再进行鞋底缝合。

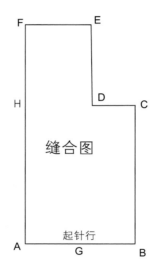

缝合图

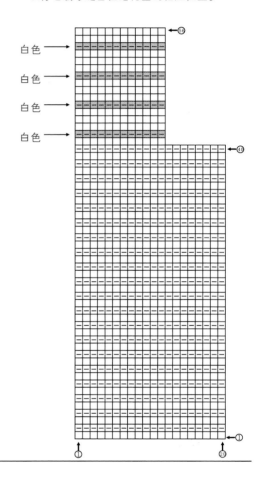

白色 →
白色 →
白色 →
白色 →

符号说明：

□　上针

□=□　下针

作品25

【成品规格】 鞋底长9cm，鞋宽3.5cm

【工 具】 2.5mm钩针

【材 料】 紫色毛线100g

编织说明：

1.鞋底的钩法：第1行锁针起钩，起15针锁针，返回第4针针眼插针编织2针长针，接下来是1针锁针对应1针长针，钩织10针长针，在最后1个针眼里钩织6针长针，转到对面，1针锁针对应1针长针，钩织10针长针，在最后1个针眼里，钩织3针长针。第2行，起3针锁针为立针，在第1针锁针里插针钩1针长针，再钩2针长针同时各加1针长针，接下来不加减针钩织10针长针，最后末端针眼钩6针长针，同时各加1针长针。到对面，不加减针，钩织10针长针，最后3针长针同时各加1针长针。第3行，钩1针锁针，在锁针上加1针短针，下1针眼钩1针短针，加1针钩1针的加针方法，重复1次，不加减针钩4针短针，1针中长针，5针长针，接下来是隔1针长针加1针长针的方法重复6次，转到对面，钩织5针长针，1针中长针，4针短针，最后是加针方法重复2次，详细请依照鞋底图解。

2.鞋面的钩法：鞋侧面，第1行沿鞋底最后1行，不加减针钩织1圈长针，第2行起至第4行，鞋尖有减针，依照图解进行编织。

3.鞋面小花的钩法：参照图解每朵小花钩2行，共钩10朵。

结构图

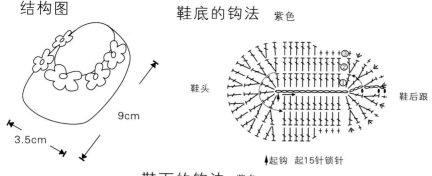

9cm

3.5cm

鞋底的钩法　紫色

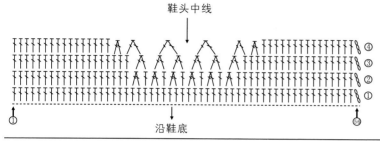

鞋头

鞋后跟

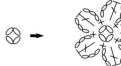

↑起钩　起15针锁针

符号说明：

- ○　锁针
- ┼　短针
- Ⅰ　长针
- Ⅴ　短针加针
（在1针眼里钩2针短针）
- Ⅰ　长针并针
2针并为1针
- 8　立针
- Ⅴ　长针加针
1针眼里
钩2针长针

鞋面的钩法　紫色

鞋头中线

①
③
②
①

沿鞋底

鞋面小花的钩法

紫色，共钩10枚

作品26

【成品规格】鞋底长9cm，鞋宽4cm

【工　具】2.5mm钩针

【材　料】粉紫色100g
红色、蓝色、绿色、黄色和淡
黄色毛线少许

编织说明：

1.鞋底的钩法：第1行锁针起钩，起15针锁
针，返回第4针针眼插针编织2针长针，接下
来是1针锁针对应1针长针，钩织10针长针，
在最后1个针眼里钩织6针长针，转到对面，
1针锁针对应1针长针，钩织10针长针，在最
后1个针眼里，钩织3针长针。第2行，起3针
锁针为立针，在第1针锁针里插针钩织1针长
针，再钩2针长针同时各加1针长针，接下来
不加减针钩织10针长针，最后末端针眼钩6针

长针，同时各加1针长针。到对面，不加减
针，钩织10针长针，最后3针长针同时各加
1针长针。第3行，钩1针锁，在锁针上加1针
短针，下1针眼钩1针短针，加1针1针的加
针方法，重复1次，不加减针钩4针短针，1针
中长针，5针长针，接下来是隔1针长针加1针
长针的方法重复6次，转到对面，钩织5针长
针，1针中长针，4针短针，最后是加针方法
重复2次，详细请依照鞋底图解。

2.鞋面的钩法：鞋侧面，第1行沿鞋底最后
1行，不加减针，钩织1圈长针，第2行不加减
针钩1圈长针，第3行起至第5行，鞋尖6针，
两侧有减针，第6行，将鞋尖中心6针合并，
两侧各钩织1针中长针，余下的针全钩短针
1圈。依照图解进行编织。

3.鞋面小球和鞋后跟小球的钩法：钩5种不同
颜色的小球，每种颜色钩2个，每个小球的钩
法参照图解。单独钩一段锁针辫子做系带，
长度自定。

结构图

鞋后跟钩2条
锁针链各长
12厘米

9cm

4cm

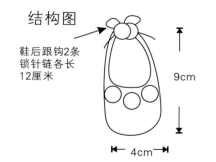

鞋面的钩法　粉紫色

鞋头中线

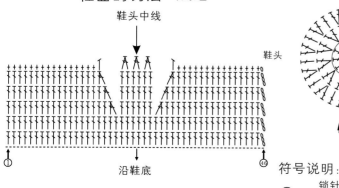

①

沿鞋底

鞋底的钩法　粉紫色

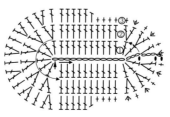

鞋头

鞋后跟

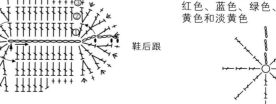

↑起钩　起15针锁针

鞋面装饰小球和
鞋后跟装饰小球的钩法

5颗小球分别为5个颜色：
红色、蓝色、绿色、
黄色和淡黄色

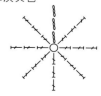

起1针锁针钩8针长针，
第2行再对应钩8针长针，
第3行再对应钩8针长针，合成1针。

符号说明：

- ○　锁针
- ┼　短针
- Ⅰ　长针
- Ⅴ　短针加针
（在1针眼里钩2针短针）
- Ⅰ　长针并针
2针并为1针
- Ⅰ─Ⅰ　中长针
- 8　立针
- Ⅴ　长针加针
1针眼里钩2针长针

26 编织方法 P35

编织方法　P38

编织方法　P39

编织方法　P38～39

27

28

29

作品27

【成品规格】 鞋底长10cm，鞋宽4cm

【工　具】 2.5mm钩针

【材　料】 粉红色和黄色毛线各40g
红色毛线少许
白色珠子2枚

编织说明：

1.鞋底的钩法：锁针起针，起14针，返回第2针锁针插针起钩，起钩短针，1针短针对应1针锁针钩12针短针，最后1针锁针眼里钩3针短针，转到对面，1针短针对应1针锁针钩11针短针，最后1针眼里，钩2针短针，这样就是两边2针锁针里各钩3针短针，往后的加针都在这3针上变化，第2圈，立针1锁针，第1针里钩2短针，加针，然后钩11针短针，尽头3短针各加1针，转到对面，钩11针短针，最后2针短针各加1针。引拔到开头立针上。第3圈，第4圈，方法与第2圈相同，依照图解编织，共织成4圈短针，总针数为46针。

2.鞋面的钩法：鞋侧面，第1行沿鞋底最后1行，不加减针钩织1圈长针，第2行不加减针钩织1圈长针，第3行起至第5行，鞋尖6针，两侧有减针，第6行，将鞋尖中心6针合并，两侧各钩织1针中长针，余下的针全钩短针1圈。依照图解进行编织。

3.鞋面装饰和鞋后跟绑带的钩法：红色线鞋后跟绑带钩1条锁针链长度为21cm，绑在结构图的相应位置。鞋面小鱼参照图解的做法进行编织。

结构图

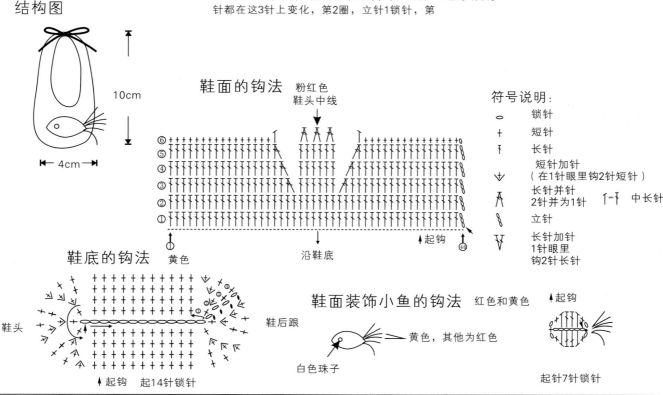

鞋面的钩法　粉红色　鞋头中线

鞋底的钩法　黄色　沿鞋底

↑起钩　起14针锁针

符号说明：

○	锁针
＋	短针
╁	长针
￦	短针加针（在1针眼里钩2针短针）
Ａ	长针并针 2针并为1针
∫	立针
￦	长针加针 1针眼里钩2针长针

┌┬ 中长针

鞋面装饰小鱼的钩法　红色和黄色

黄色，其他为红色

白色珠子

↑起钩　起针7针锁针

作品28

【成品规格】 鞋底长9cm，鞋宽3.5cm

【工　具】 2.5mm钩针

【材　料】 紫色毛线100g
黄色和橙色毛线少许

编织说明：

1.鞋底的钩法：第1行锁针起钩，起15针锁针，返回第4针针眼插针编织2针长针，接下来是1针锁针对应1针长针，钩织10针长针，在最后1个针眼里钩织6针长针，转到对面，1针锁针对应1针长针，钩织10针长针，在最后1个针眼里，钩织3针长针。第2行，起3针锁针为立针，在第1针锁针里插针钩1针长针，再钩2针长针同时各加1针长针，接下来不加减针钩织10针长针，最后末端针眼钩6针长针，同时各加1针长针。到对面，不加减针，钩织10针长针，最后3针长针同时各加1针长针。第3行，钩1针锁，在锁针上加1针短针，下1针眼钩1针短针，加1针钩1针的加针方法，重复1次，不加减针钩织4针短针，1针中长针，5针长针，接下来是隔1针长针加1针长针的方法重复6次，转到对面，钩织5针长针，1针中长针，4针短针，最后是加针方法重复2次，详细请依照鞋底图解。

2.鞋面的钩法：鞋侧面，第1行沿鞋底最后1行，不加减针钩织1圈长针，第2行不加减针钩织1圈长针，第3行起至第5行，鞋尖6针，两侧有减针，第6行将鞋尖中心6针合并，两侧各钩织1针中长针，余下的针全钩短针1圈。依照图解进行编织。

3.鞋面装饰的钩法：参照图解，用黄色毛线钩螺旋状，上面挑针钩1行橙色毛线。

結構图

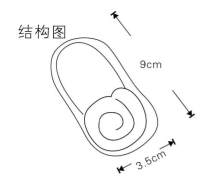

9cm

3.5cm

鞋面的钩法 紫色

鞋头中线

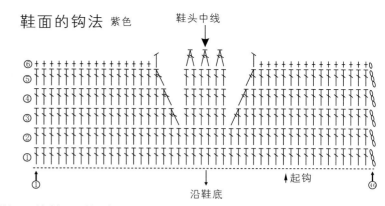

⑥⑤④③②①

①   沿鞋底   ↑起钩   ⑪

鞋底的钩法 紫色

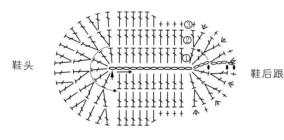

鞋头   鞋后跟

↑起钩 起15针锁针

鞋面装饰的钩法

黄色

围绕黑色线钩
1行橙色拉拔针

符号说明：

○   锁针

+   短针

↑   长针

∨   短针加针
（在1针眼里钩2针短针）

A   长针并针
2针并为1针

§   立针

∧∨   长针加针
1针眼里
钩2针长针

作品29

【成品规格】 鞋底长9cm 鞋宽3.5cm

【工　　具】 2.5mm钩针

【材　　料】 灰色毛线100g
黄色毛线少许
粉红色丝带2条

编织说明：

1.鞋底的钩法：第1行锁针起钩，起15针锁针，返回第4针针眼插针编织2针长针，接下来是1针锁针对应1针长针，钩织10针长针，在最后1个针眼里钩织6针长针，转到对面，1针锁针对应1针长针，钩织10针长针，在最后1个针眼里，钩织3针长针。第2行，起3针锁针为立针，在第1针锁针里插针钩1针长针，再钩2针长针同时各加1针长针，接下来不加减针钩织10针长针，最后末端针眼钩6针

长针，同时各加1针长针。到对面，不加减针，钩织10针长针，最后3针长针同时各加1针长针。第3行，钩1针锁，在锁针上加1针短针，下1针眼钩1针短针，加1针1针的加针方法，重复1次，不加减针钩织4针短针，1针中长针，5针长针，接下来是隔1针长针加1针长针的方法重复6次，转到对面，钩织5针长针，1针中长针，4针短针，最后是加针方法重复2次，详细请依照鞋底图解。

2.鞋面的钩法：鞋侧面，第1行沿鞋底最后1行，不加减针钩织1圈长针，第2行起至第4行，鞋尖有减针，依照图解进行编织。第5行鞋尖有并针，余下钩织短针，最后第6行改用黄色线，不加减针钩织长针1圈。

3.丝带的穿法：参照图解用粉红色丝带穿在黄色长针上。

结构图

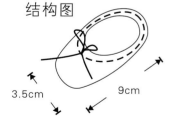

3.5cm   9cm

鞋面的钩法

粉红色丝带的穿法   鞋头中线

黄色

5

灰色

1

①   沿鞋底   ⑤⑭

鞋底的钩法 灰色

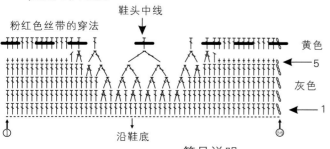

鞋头   鞋后跟

↑起钩 起15针锁针

符号说明：

○   锁针

+   短针

↑   长针

∨   短针加针
（在1针眼里钩2针短针）

A   长针并针
2针并为1针

⊤   中长针

§   立针

∧∨   长针加针
1针眼里钩2针长针

39

30

编织方法 P42

31

编织方法 P43

可爱小野花＞

＜粉色蝴蝶结

40

32 | 编织方法 P43、46

作品30

【成品规格】 鞋底长9cm，鞋宽3.5cm

【工　　具】 2.5mm钩针

【材　　料】 灰色和粉红色毛线各50g
　　　　　　　黄色和白色毛线少许

编织说明：

1.鞋底的钩法：锁针起针，起19针，返回第4针针眼插针编织2针长针，1针锁针对应1针长针，钩织14针长针，在最后一个锁针针眼里钩织6针长针，转到对面，1针锁针对应1针长针，钩织14针长针，在最后一个锁针针眼里，钩织3针长针。第2行，起3针锁针为立针，然后在第1针锁针里插针钩织1针长针，接下来2针长针同时各加1针长针，不加减针钩织14针长针，最后末端针眼钩6针长针同时各加1针长针，到对面，不加减针钩织14针长针，钩3针长针同时各加1针长针。第3行，钩1针锁立针，在立针上加1针短针，下1针眼钩1针短针，接着是加针1针，钩1针的加针方法，重复1次，不加减针钩6针短针，1针中长针，7针长针，隔1针长针加1针长针的方法重复6次，转到对面，钩织5针长针，1针中长针，4针短针，最后是加针方法重复2次，详细请依照鞋底图解。

2.鞋面的钩法：鞋侧面，第1行沿鞋底最后1行，不加减针钩织1圈中长针，第2行不加减针钩1圈中长针至第4行，鞋尖有减针，依照图解进行编织。第5行鞋尖有并针，余下钩织短针。

3.鞋环的钩法：参照图解钩灰色鞋环，可穿鞋带。

4.鞋带的钩法：参照图解钩灰色鞋带。

5.鞋面小花的钩法：参照图解钩鞋面小花2个，缝合在鞋面上。

符号说明：

符号	说明
○	锁针
✛	短针
┠	长针
⩔	短针加针（在1针眼里钩2针短针）
⋀	长针并针 2针并为1针
8	立针
⋁	长针加针 1针眼里钩2针长针

结构图

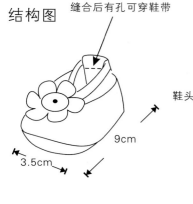

缝合后有孔可穿鞋带

9cm

3.5cm

鞋底的钩法　灰色

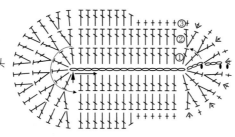

鞋头

鞋后跟

↑起钩　起19针锁针

鞋后跟的鞋环的钩法　灰色

将这14行对折夹住鞋后跟粉红色5行后，第1行和第14行分别与鞋底长缝合。

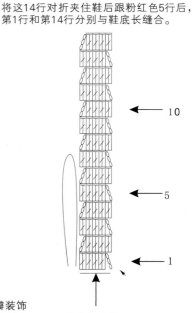

← 10

← 5

← 1

鞋底长中线

鞋面的钩法　粉红色

鞋头中线

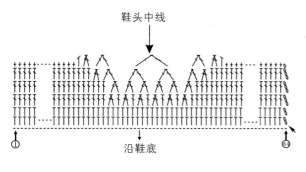

① ⑥

沿鞋底

鞋面花2朵的钩法

用黄色毛线钩花芯，白色毛线钩花瓣装饰在鞋面上，具体钩法如下

黄色　　　　白色

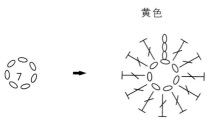

灰色鞋带的钩法

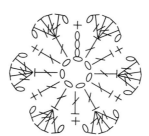

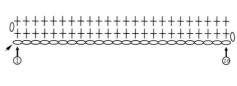

①　　　　　　　　　　　　　　20

作品31

【成品规格】 鞋底长9cm，鞋宽3.5cm

【工　　具】 2.5mm钩针

【材　　料】 紫色毛线80g
粉红色毛线少许

编织说明：

1.鞋底的钩法：锁针起针，起17针，返回第4针针眼插针编织2针长针，1针锁针对应1针长针，钩织12针长针，在最后一个锁针针眼里钩织6针长针，转到对面，1针锁针对应1针长针，钩织12针长针，在最后一个锁针针眼里，钩织3针长针。第2行，起3针锁针为立针，然后在第1针锁针里插针钩1针长针，接下来2针长针同时各加1针长针，不加减针钩

织12针长针，最后末端针眼钩6针长针同时各加1针长针，到对面，不加减针钩织12针长针，钩3针长针同时各加1针长针。第3行，钩1针锁立针，在立针上加1针短针，下1针眼钩1针短针，接着是加针1针，钩1针的加针方法，重复2次，不加减针钩5针短针，1针中长针，6针长针，隔1针长针加1针长针的方法重复6次，转到对面，钩织6针长针，1针中长针，5针短针，最后是加针方法重复2次，详细请依照鞋底图解。

2.鞋面的钩法：鞋侧面，第1行沿鞋底最后1行，不加减针，钩织1圈中长针，第2行不加减针钩织1圈中长针，第3行起至第5行，鞋尖有减针，依照图解进行编织。第6行钩织1圈引拔锁针。

3.蝴蝶结的钩法：参照图解。

4.钩2条锁针链绑在鞋后跟中央。

结构图

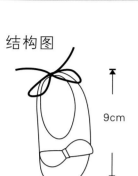

9cm

3.5cm

鞋底的钩法 紫色

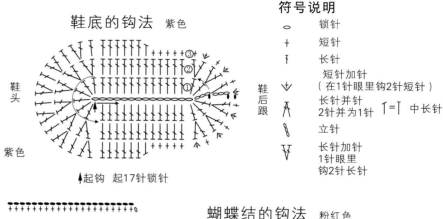

鞋头

鞋后跟

↑起钩 起17针锁针

符号说明

○	锁针
+	短针
⊺	长针
⩊	短针加针（在1针眼里钩2针短针）
⋀	长针并针2针并为1针
⊺=⊺	中长针
8	立针
⋁	长针加针1针眼里钩2针长针

鞋面的钩法 紫色

鞋头中线

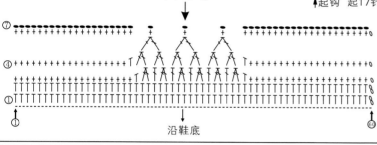

沿鞋底

蝴蝶结的钩法 粉红色

作品32

【成品规格】 鞋底长9cm，鞋宽4cm

【工　　具】 2.5mm钩针

【材　　料】 绿色毛线100g
黑色毛线少许
木纽扣4枚

编织说明：

1.鞋底的钩法：锁针起针，起17针，返回第4针针眼插针编织2针长针，1针锁针对应1针长针，钩织12针长针，在最后一个锁针针眼里钩织6针长针，转到对面，1针锁针对应1针长针，钩织12针长针，在最后一个锁针针眼里，钩织3针长针。第2行，起3针锁针为立针，然后在第1针锁针里插针钩1针长针，接下来2针长针同时各加1针长针，不加减针钩织12针长针，最后末端针眼钩6针长针同时各加1针长针，到对面，不加减针钩织12针长

针，钩3针长针同时各加1针长针。第3行，钩1针锁立针，在立针上加1针短针，下1针眼钩1针短针，接着是加针1针，钩1针的加针方法，重复2次，不加减针钩5针短针，1针中长针，6针长针，隔1针长针加1针长针的方法重复6次，转到对面，钩织6针长针，1针中长针，5针短针，最后是加针方法重复2次，详细请依照鞋底图解。

2.鞋面的钩法：鞋侧面，第1行沿鞋底最后1行只钩鞋内半针，靠近鞋内的那半针不加减针，钩织1圈长针，第2行不加减针，钩1圈长针，第3行起3锁针后，钩16针长针，下1针起钩内半针，钩24针后，余下正常钩织，鞋尖有减针，依照图解并针，第6行完成编织后，结束绿色线编织，换用黑色线，沿长针钩1圈引拔锁针。

3.鞋面贴片的钩法：起15针锁针钩2行长针，第1行钩32针长针，第2行钩44针长针。

4.将鞋面贴片缝合在鞋面上，左右两端缝合纽扣装饰。

33 | 编织方法 P46

34

编织方法　P47

编织方法　P47、50

35

45

结构图

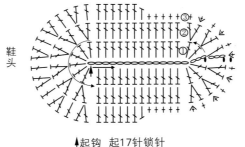

纽扣
贴片
9cm
4cm

鞋底的钩法　绿色

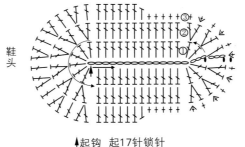

鞋头
鞋后跟

▲起钩　起17针锁针

鞋面贴片钩法

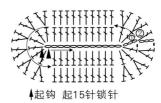

▲起钩　起15针锁针

鞋面的钩法　绿色

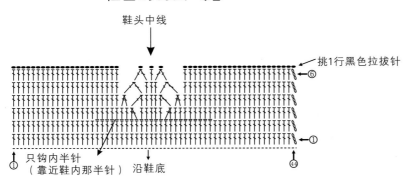

鞋头中线

挑1行黑色拉拔针
⑥
①
⑭

①只钩内半针
（靠近鞋内那半针）　沿鞋底

符号说明：

○　锁针
十　短针
ϯ　长针
Ⅴ　短针加针
　（在1针眼里钩2针短针）
Λ　长针并针
　2针并为1针　　ᵀ=ᵀ 中长针
δ　立针
Ⅴ　长针加针
　1针眼里
　钩2针长针

符号说明：

○　锁针
十　短针
ϯ　长针
Ⅴ　短针加针
　（在1针眼里钩2针短针）
Λ　长针并针
　2针并为1针　　ᵀ=ᵀ 中长针
δ　立针
Ⅴ　长针加针
　1针眼里
　钩2针长针

作品33

【成品规格】 鞋底长9cm，鞋宽3.5cm

【工　具】 2.5mm钩针

【材　料】 绿色毛线60g
黑色毛线少许
黑色纽扣4枚

编织说明：

1.鞋底的钩法：第1圈起19针锁针，返回第4针针眼插针编织2针长针，1针锁针对应1针长针，钩织14针长针，在最后一个锁针针眼里钩织6针长针，转到对面，1针锁针对应1针长针，钩织14针长针，在最后一个锁针针眼里钩织3针长针。第2圈，起3针锁针为立针，然后在第1锁针里插针钩织1针长针，接下来2针长针同时各加1针长针，不加减针钩织

14针长针，最后末端针眼钩6针长针同时各加1针长针，到对面，不加减针钩织14针长针，钩3针长针同时各加1针长针。第3圈，钩1针锁立针，在立针上加1针短针，下1针眼钩1针短针，接着是加针1针，钩1针的加针方法，重复1次，不加减针钩织6针短针，1针中长针，7针长针，隔1针长针加1针长针的方法重复6次，转到对面，钩织5针长针，1针中长针，4针短针，最后是加针方法重复2次，详细请依照鞋底图解。

2.鞋面的钩法：鞋侧面，第1行沿鞋底最后1行，不加减针钩织1圈长针，第2行不加减针钩织1圈长针，第3行起至第4行，鞋尖有减针，依照图解进行编织。第5行换黑色线钩织短针。

3.鞋面的钩法：在鞋头中线为中线10针长针处缝合黑色线，鞋面各缝2枚黑色纽扣。

鞋面的钩法

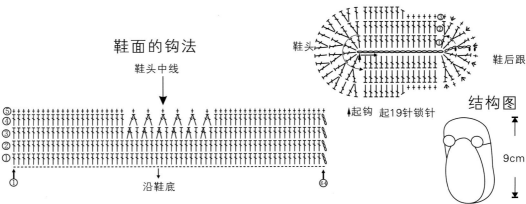

鞋头中线

⑤
④
③
②
①

①
⑥④

沿鞋底

鞋底的钩法　蓝色

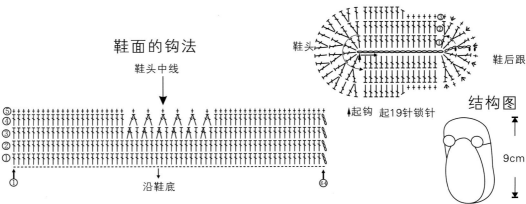

鞋头
鞋后跟

▲起钩　起19针锁针

结构图

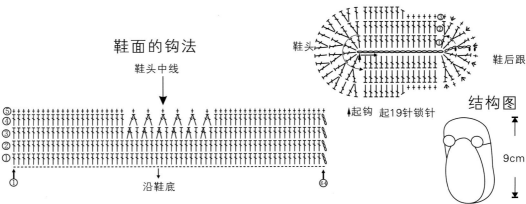

9cm
3.5cm

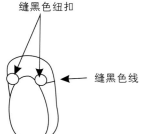

缝黑色纽扣
缝黑色线

作品34

【成品规格】 鞋底长9cm，鞋宽3.5cm

【工　具】 2.5mm钩针

【材　料】 米色毛线100g
米色纽扣2枚

编织说明：

1.鞋底的钩法：第1圈起15针锁针，返回第2针锁针插针起钩短针，1针短针对应1针锁针钩12针短针，最后1针锁针眼里钩3针短针，转到对面，1针短针对应1针锁针钩12针短针，最后1针眼里，钩2针短针，这样就是两头2针锁针里各钩3针短针，往后的加针都在这3针上变化。第2圈，钩1锁针为立针，第1针里钩2短针同时加针，然后钩12针短针，尽头3短针各加1针，转到对面，钩12短针，最后2针短针各加1针，引拔到开头立针上。第3圈，第4圈，方法与第2圈相同，依照图解编织，共织成4圈短针，总针数为48针。

2.鞋面的钩法：第1行，起3针锁针为立针，围绕鞋底的第4圈，钩织内钩长针，不加减针，共48针，引拔到立针结束，第2行，钩18针短针后，接下来的12针钩内半针，余下的正常钩织短针，第3行至第4行，钩织18针短针后，在钩鞋尖有减针，依照图解并针编织，第5行钩织1圈短针，最后钩织1圈引拔锁针后结束。

3.鞋面的钩法：在鞋内侧挑针起钩，共钩11行短针，每行钩6针，在第10行短针处，空2针为扣眼。

4.在鞋面上缝上纽扣。

结构图

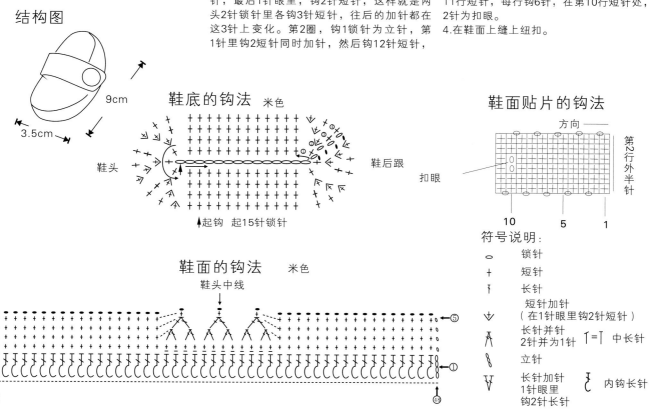

9cm

3.5cm

鞋头　鞋后跟

鞋底的钩法　米色

起钩　起15针锁针

鞋面贴片的钩法

方向

第2行外半针

扣眼

10　5　1

符号说明：

○　锁针

十　短针

Ｉ　长针

Ｖ　短针加针
（在1针眼里钩2针短针）

Ａ　长针并针
2针并为1针　Ｉ=Ｉ中长针

Ｖ　立针

Ａ　长针加针
1针眼里
钩2针长针　内钩长针

鞋面的钩法　米色

鞋头中线

作品35

【成品规格】 鞋底长10cm，鞋宽4.5cm

【工　具】 4.0mm钩针

【材　料】 蓝灰色毛线80g
红色毛线少许

编织说明：

1.鞋底的钩法：第1圈起15针锁针，返回第4针针眼插针编织2针长针，接下来是1针锁针对应1针长针，钩织10针长针，在最后一针锁针眼里，钩织6针长针，转到对面，1针锁针对应1针长针，钩织10针长针，在最后一针锁针眼里钩织3针长针。第2圈，起3针锁针为立针，然后在第1针锁针里插针钩1针长针，接下来2针长针同时各加1针长针，接下来不加减针钩织10针长针，最后末端针眼钩6针长针同时各加1针长针，到对面，不加减针钩织10针长针，最后3针长针同时各加1针长针。详细请依照鞋底图解。

2.鞋面的钩法：鞋侧面，第1行沿鞋底最后1行，不加减针，钩织1圈长针，第2行起至第3行，鞋尖有减针，依照图解进行编织。第4行换红色线钩织短针。

3.鞋面小花的钩法：参照图解。

4.鞋后跟的钩法：参照图解钩长度为30cm的锁针链，两端为小花。

36 | 编织方法 P50~51

编织方法 P51

编织方法 P54

37

38

〈棕色小老虎

可爱小花猫〉

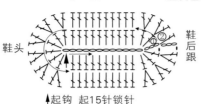

结构图

10cm

4.5cm

鞋底的钩法 蓝灰色

鞋头

鞋后跟

↑起钩 起15针锁针

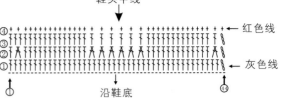

鞋面的钩法 蓝灰色

鞋头中线

④ ← 红色线

③

②

① ← 灰色线

沿鞋底

鞋面小花的钩法

红色，共钩2枚

鞋后跟蝴蝶结的钩法 红色

总长30cm

符号说明：

○ 锁针

+ 短针

Ŧ 长针

ſ 立针

人 长针并针
2针并为1针

V 长针加针
1针眼里
钩2针长针

结构图

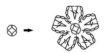

9cm

3.5cm

作品36

【成品规格】 鞋底长9cm，鞋宽3.5cm

【工　　具】 3.0mm钩针

【材　　料】 橙色毛线90g
土黄色、黑色、黄色毛线
各少许

编织说明：

1.鞋底的钩法：第1圈起17针锁针，返回第4针针眼插针编织2针长针，接下来是1针锁针对应1针长针，钩织12针长针，在最后1个针眼里钩织6针长针，转到对面，1针锁针对应1针长针，钩织12针长针，在最后1个针眼里钩织3针长针。第2圈，起3针锁针为立针，然后在第1针锁针里插针钩1针长针，接下来2针长针各加1针长针，不加减针钩织12针长针，最后末端针眼钩6针长针，同时各加1针长针，到对面不加减针，钩织12针长针，最后3针长针同时各加1针长针。第3圈，钩3针锁针为立针，在立针上加1针长针，下1针眼钩1针长针，接着是加1针，钩1针的加针方法，重复1次，然后不加减针钩12针长针，再隔1针长针加1针长针的方法重复6次，转到对面，钩织12针长针，最后是加针方法重复2次，详细请依照鞋底图解。

2.鞋面的钩法：第1行，起3针锁针为立针，围绕鞋底边缘钩织长针，不加减针，共48针，引拔到立针结束。第2行，不加减针钩1针长针，第3行至第4行，钩织长针，在钩鞋尖有减针，依照图解并针编织，第5行换土黄色线钩织1圈短针，最后钩织1圈引拔锁针后结束。

3.鞋面狮子头部的钩法：参照图解钩鞋面狮子的头部。

4.鞋后跟绑带的钩法：参照图解钩鞋后跟绑带。

鞋面的钩法

鞋头中线 橙色

土黄色

⑤

①

① 沿鞋底 ④8

鞋后跟绑带的钩法

鞋后跟中线

鞋底的钩法 橙色

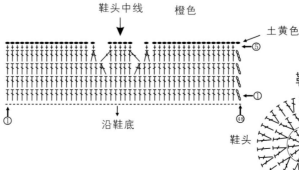

鞋头

鞋后跟

↑起钩 起17针锁针

用黑色毛线缝出脸部表情，黄色毛线装饰流苏

符号说明：

○ 锁针

十 短针

♄ 长针

✓ 短针加针
（在1针眼里钩2针短针）

Ａ 长针并针
2针并为1针

ℓ 立针

V 长针加针
1针眼里
钩2针长针

头部的钩法

土黄色毛线钩狮子的头部装饰在鞋面上，具体钩法如下

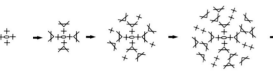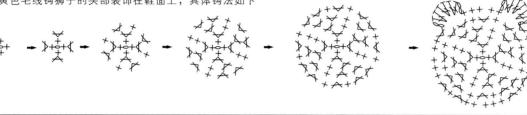

作品37

【成品规格】 鞋底长9cm，鞋宽3.5cm

【工 具】 3.0mm钩针

【材 料】 黄色和土黄色毛线各50g
黑色毛线少许

编织说明：

1.鞋底的钩法：第1圈起17针锁针，返回第4针针眼插针编织2针长针，接下来是1针锁针对应1针长针，钩织12针长针，在最后1个针眼里钩织6针长针，转到对面，1针锁针对应1针长针，钩织12针长针，在最后1个针眼里钩织3针长针。第2圈，起3针锁针为立针，然后在第1针锁针里插针钩织1针长针，接下来2针长针各加1针长针，不加减针钩织12针长针，最后末端针眼钩6针长针，同时各加1针长

针，到对面不加减针，钩织12针长针，最后3针长针同时各加1针长针。第3圈，钩3针锁针为立针，在立针上加1针长针，下1针眼钩1针长针，接着是加针1针，钩1针的加针方法，重复1次，然后不加减针钩织12针长针，再隔1针长针加1针长针的方法重复6次，转到对面，钩织12针长针，最后是加针方法重复2次，详细请依照鞋底图解。

2.鞋面的钩法：第1行，用黑色线，起3针锁针为立针，围绕鞋底边缘钩织长针，不加减针，共48针，引拨到立针结束。第2行至第5行，配色依次是黄色1行，黑色1行，黄色2行，钩织长针，在钩鞋尖有减针，依照图解并针编织，第5行换土黄色线钩织1圈短针，最后钩织1圈引拨锁针后结束。

3.鞋面老虎头部的钩法：参照图解钩鞋面老虎头部。

结构图

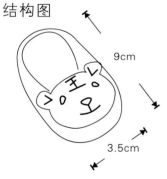

9cm

3.5cm

符号说明：

○ 锁针		Ａ 长针并针 2针并为1针
十 短针		V 长针加针 1针眼里 钩2针长针
♄ 长针		
ℓ 立针		

鞋面的钩法

鞋头中线

沿鞋底

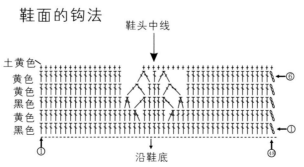

土黄色
黄色
黄色
黑色
黄色
黑色

⑥

①

① ⑱

虎头的钩法

土黄色毛线钩老虎的头部，装饰在鞋面上，具体钩法如下：

用黑色毛线缝出脸部表情

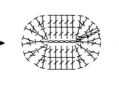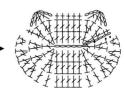

鞋底的钩法 黄色

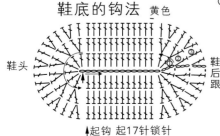

鞋头

鞋后跟

起钩 起17针锁针

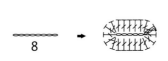

8

3

时尚小靴子

编织方法 P55

编织方法 P59

编织方法 P58

39

40

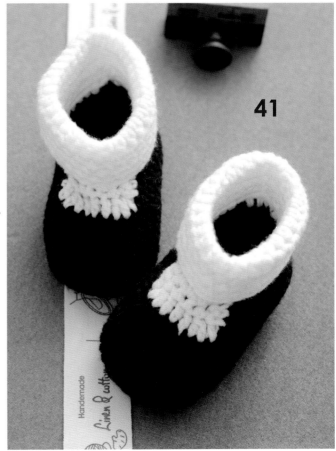

41

作品38

【成品规格】 鞋底长9cm，鞋宽3.5cm

【工　具】 3.0mm钩针

【材　料】 黄色90g
白色、桃红色、橙色、酒红色
和黑色毛线各少许

编织说明：

1.鞋底的钩法：第1圈起17针锁针，返回第4针针眼插针编织2针长针，接下来是1针锁针对应1针长针，钩织12针长针，在最后1个针眼里钩织6针长针，转到对面，1针锁针对应1针长针，钩织12针长针，在最后1个针眼里钩织3针长针。第2圈，起3针锁针为立针，然后在第1针锁针里插针钩1针长针，接下来2针长针各加1针长针，不加减针钩织

12针长针，最后末端针眼钩6针长针，同时各加1针长针，到对面不加减针，钩织12针长针，最后3针长针同时各加1针长针。第3圈，钩3针锁针为立针，在立针上加1针长针，下1针眼钩1针长，接着是加针1针，钩1针的加针方法，重复1次，然后不加减针钩12针长针，再隔1针长针加1针长针的方法重复6次，转到对面，钩织12针长针，最后是加针方法重复2次，详细请依照鞋底图解。

2.鞋面的钩法：第1行，起3针锁针为立针，围绕鞋底边缘钩织长针，不加减针，共48针，引拔到立针结束。第2行至第4行，钩织长针，在钩鞋尖有减针，依照图解并针编织，第5行钩织1圈短针，第6行换橙色线钩织1圈短针，最后钩织1圈引拔锁针后结束。

3.鞋面小猫的钩法：参照图解钩鞋面小猫头部。

结构图

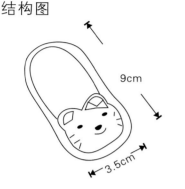

9cm

3.5cm

鞋底的钩法　黄色

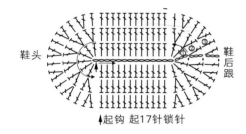

鞋头

鞋后跟

起钩 起17针锁针

小猫头部的钩法

白色

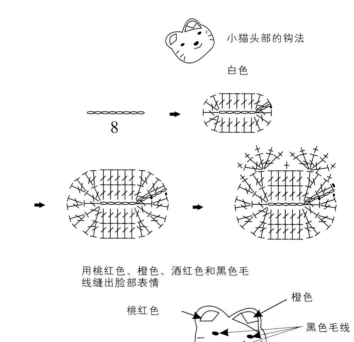

8

用桃红色、橙色、酒红色和黑色毛线缝出脸部表情

桃红色 　橙色

黑色毛线

酒红色

鞋面的钩法

第1~5行为黄色，第6行鞋口1行橙色短针

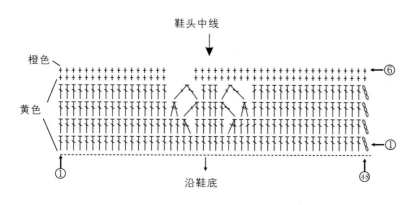

橙色

鞋头中线

黄色

⑥

①

①

沿鞋底

48

符号说明：

○	锁针
+	短针
┠	长针
8	立针
⋀	长针并针 2针并为1针
V	长针加针 1针眼里 钩2针长针

作品39

【成品规格】 鞋底长10cm，鞋高10cm

【工　　具】 14号棒针

【材　　料】 紫色毛线和白色毛线各60g

编织说明：

1.编织鞋底，白色线起织，下针起针法，起8针，来回编织下针，形成搓板针，两边加针，2-1-2，各加2针，加成12针，不加减针，编织40行后，两边同步减针，2-1-2，

余下8针，不收针，换用紫色线，沿着鞋底边缘挑针起针，鞋侧面每2行挑1针，用3根棒针编织圈织，织1行上针1行下针，形成搓板针，织8行后，完成鞋侧面编织。

2.编织鞋面，从鞋尖挑出12针，来回编织下针，两边与鞋侧1针进行并针，不加减针，织24行后，完成鞋面编织。

4.编织鞋筒，将鞋面留下的12针与鞋侧面余下的24针，根据鞋筒编织图解，织4行下针，换白色线织2行上针，然后是紫色4行，白色2行的花样重复，共4行花样，最后继续白色线，织上针共6行，折回鞋内缝合。相同的方法去编织另一只鞋子。

鞋底的编织法
沿边挑针织

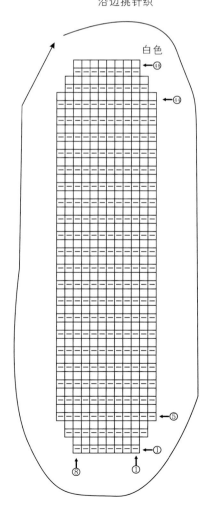

白色
←⑭

←⑭

←⑤

←①

⑧　①

鞋筒编织法

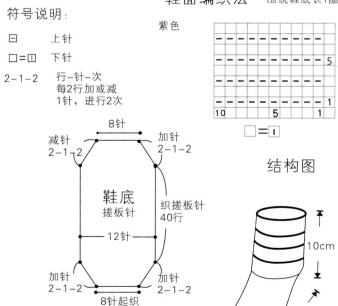

白色
紫色
白色
紫色
白色
紫色
白色
紫色

①　　　　　　　　　　㊴

符号说明：

⊟　　上针

□＝⊡　　下针

2-1-2　　行-针-次
每2行加或减
1针，进行2次

鞋面编织法　　围绕鞋底长1圈编织8行平针

紫色

—	—	—	—	—	—	—	—	—	—
—	—	—	—	—	—	—	—	—	—
									5	
—	—	—	—	—	—	—	—	—	—
10					5			1	

□＝⊡

鞋底

减针　　8针　　加针
2-1-2　　　　2-1-2

鞋底
搓板针

织搓板针
40行

12针

加针　　　　　加针
2-1-2　　　　2-1-2
8针起织

结构图

10cm

10cm

42 编织方法 P59、62

43

编织方法 P62~63

编织方法 P63

44

作品40

【成品规格】 鞋底长10cm，鞋高10cm

【工　　具】 12号棒针

【材　　料】 黄色毛线100g
　　　　　　　　白色毛线少许

编织说明：

1. 编织鞋底，白色线起织，下针起针法，起6针，来回编织下针，形成搓板针，两边加针，2-1-3，各加2针，加成12针，不加减针，编织32行后，两边同步减针，2-1-3，余下6针，不

收针，沿着鞋底边缘挑针起针，鞋侧面，每2行挑1针，用3根棒针编织圈织，织1行上针1行下针，形成搓板针，织8行，其中第1~第4行用黄色线，第5、6行用白色线编织，最后2行用黄色线编织。完成鞋侧面编织。

2. 编织鞋面，从鞋尖挑出5针，来回编织下针，依照图解两边加针，织成16针，加成7针，不收针，完成鞋面编织。

4. 编织鞋筒，将鞋面留下的7针与鞋侧面余下的针数，起织单罗纹针，不加减针，织10行后，换用白色线织2行单罗纹，然后换用黄色线，织6行后收针。相同的方法去编织另一只鞋子。

结构图

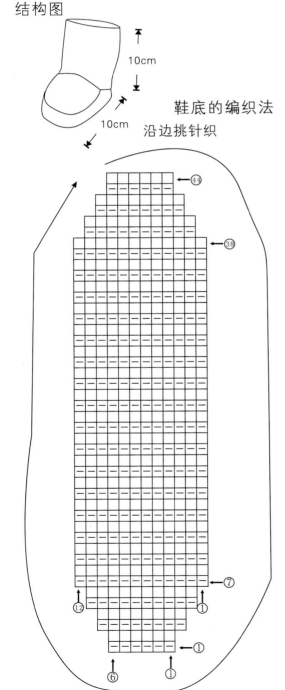

10cm

10cm

鞋底的编织法　黄色

沿边挑针织

→44

→38

←⑦

①

⑫

①

⑥　　①

鞋面编织法　围绕鞋底长1圈编织8行搓板针

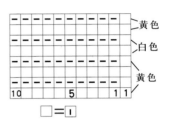

黄色
白色
黄色

10　　5　　1　1

□ = Ⅰ

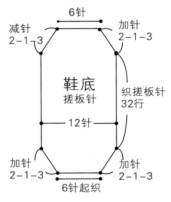

减针
2-1-3

6针

加针
2-1-3

鞋底
搓板针

织搓板针
32行

12针

加针
2-1-3

加针
2-1-3

6针起织

鞋面编织法　黄色

鞋头起编织16行搓板针

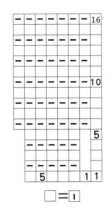

16

10

5

5　1　1

□ = Ⅰ

鞋筒编织法

围绕鞋口编织18行单罗纹，第11~12行为白色，其他为黄色

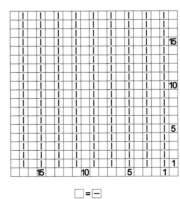

15

10

5

15　　10　　5　　1

□ = 二

符号说明：

□　　　上针

□=□　　下针

2-1-2　　行-针-次
　　　　每2行加或减
　　　　1针，进行2次

作品41

【成品规格】 鞋底长8cm，鞋宽3.5cm

【工　　具】 2.5mm钩针

【材　　料】 黑色和白色毛线各40g

编织说明：

1.鞋底的钩法：第1圈起17针锁针，返回第4针针眼插针编织2针长针，接下来是1针锁针对应1针长针，钩织12针长针，在最后1个针眼里钩织6针长针，转到对面，1针锁针对应1针长针，钩织12针长针，在最后1个针眼里钩织3针长针。第2圈，起3针锁针为立针，然后在第1针锁针里插针钩1针长针，接下来2针长针各加1针长针，不加减针钩织12针长针，

最后末端针眼钩6针长针，同时各加1针长针，到对面不加减针，钩织12针长针，最后3针长针同时各加1针长针。第3圈，钩3针锁针为立针，在立针上加1针长针，下1针眼钩1针长针，接着是加针1针，钩1针的加针方法，重复1次，然后不加减针钩织12针长针，再隔1针长针加1针长针的方法重复6次，转到对面，钩织12针长针，最后是加针方法重复2次，详细请依照鞋底图解。

2.鞋面的钩法：鞋侧面，第1行沿鞋底最后1行，不加减针，钩织1圈长针，第2行起至第4行，鞋尖有减针，依照图解进行编织。第5行起换白色线钩织短针，鞋尖有减针，依照图解减针，织2行后，鞋侧面编织结束。

3.鞋筒的钩法：围绕鞋口钩白色线，不加减针，钩11行短针。

结构图

白色
白色
黑色

8cm

3.5cm

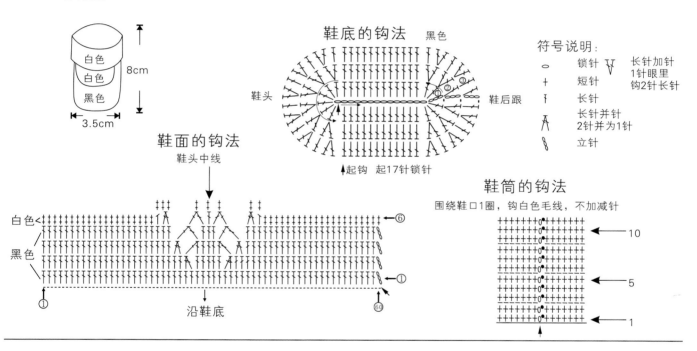

鞋底的钩法
黑色

鞋头　　　　　　　　鞋后跟

↑起钩　起17针锁针

符号说明：

○ 锁针　　 V 长针加针 1针眼里钩2针长针
+ 短针
| 长针
A 长针并针 2针并为1针
8 立针

鞋面的钩法

鞋头中线

白色<
黑色

① ⑥
① 60

沿鞋底

鞋筒的钩法

围绕鞋口1圈，钩白色毛线，不加减针

10
5
1

作品42

【成品规格】 鞋底长9cm，鞋高6cm

【工　　具】 2.5mm钩针

【材　　料】 褐色毛线100g
木色大纽扣2枚

编织说明：

1.鞋底长的钩法：第1圈起19针锁针，返回第4针针眼插针编织2针长针，接下来是1针锁针对应1针长针，钩织14针长针，在最后1个针眼里，钩织6针长针，转到对面，1针锁针对应1针长针，钩织14针长针，在最后1个针眼里钩织3针长针。第2圈，起3针锁针为立针，然后在第1针锁针里插针钩1针长针，接下来2针长针同时各加1针长针，不加减针钩织14针长

针，最后末端针眼钩6针长针，同时各加1针长针，到对面不加减针，钩织14针长针，最后3针长针同时各加1针长针。第3圈，钩3锁针为立针，在立针上加1针长针，下1针眼钩1针长针，接着是加针1针，钩1针的加针方法，重复1次，然后不加减针钩织14针长针，隔1针长针加1针长针的方法重复6次，转到对面，钩织14针长针，最后是加针方法重复2次，详细请依照鞋底图解。

2.鞋面的钩法：鞋侧面，第1行沿鞋底最后1行，不加减针，钩织1圈内钩长针，第2行钩1针内钩针与1针外钩针的交替编织，不加减针，钩织1圈，第3行起至第6行，鞋尖有减针，依照图解进行编织，减完针后余下34针，不加减针钩织长针，共6行，完成后收针。

3.参照结构图在鞋侧钉2枚木纽扣。

45

编织方法　P66

编织方法　P67

编织方法　P67、70

46

47

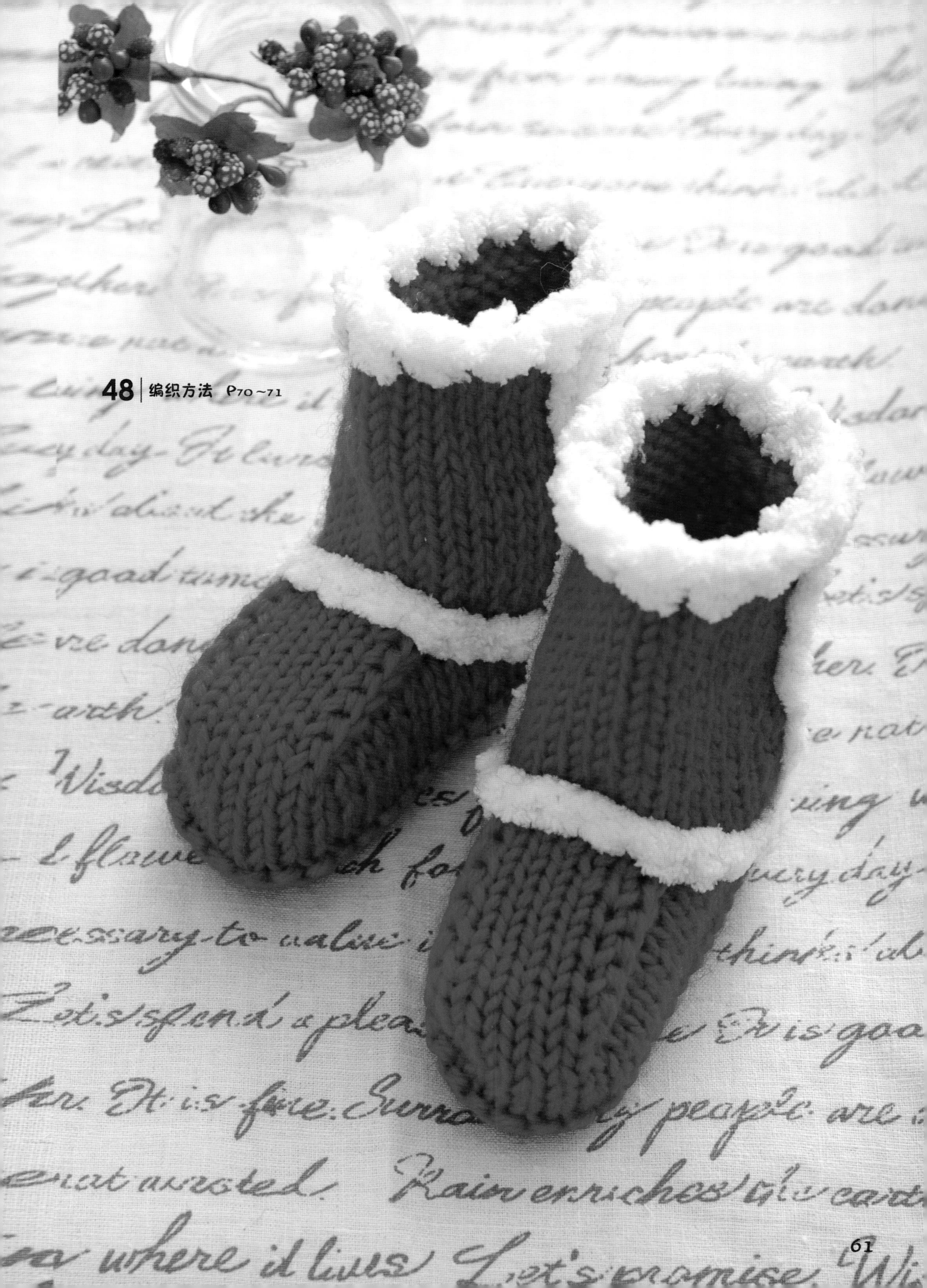

48 | 编织方法 P70~71

结构图

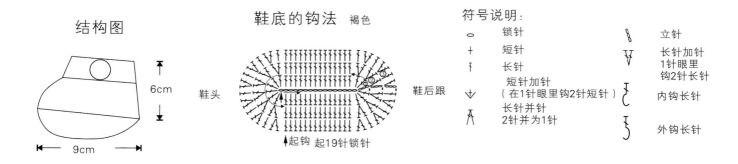

6cm

9cm

鞋头

鞋底的钩法 褐色

鞋头　　　　　　　　　　　　　　鞋后跟

↑起钩　起19针锁针

符号说明：

○	锁针	8	立针
+	短针	V	长针加针 1针眼里 钩2针长针
T	长针		
↓	短针加针 （在1针眼里钩2针短针）	Ʒ	内钩长针
木	长针并针 2针并为1针	ʔ	外钩长针

鞋面的钩法 褐色

围绕鞋底长1圈钩鞋侧面，第1行不加减针，第2行起鞋头减针，其他钩浮针。

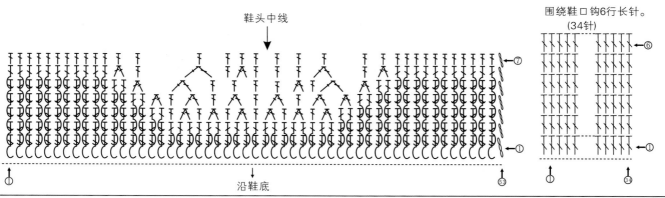

鞋头中线

沿鞋底

鞋筒的钩法 褐色

围绕鞋口钩6行长针。
(34针)

作品43

【成品规格】 鞋底长9cm，鞋宽3.5cm，鞋高8.5cm

【工　具】 2.5mm钩针

【材　料】 桃红色和深棕色毛线各80g

编织说明：

1.鞋底的钩法：第1圈起17针锁针，返回第4针针眼插针编织2针长针，接下来是1针锁针对应1针长针，钩织12针长针，在最后1个针眼里钩织6针长针，转到对面，1针锁针对应1针长针，钩织12针长针，在最后1个针眼里钩织3针长针。第2圈，起3针锁针为立针，然后在第1针锁针里插针钩1针长针，接下来2针长针各加1针长针，不加减针钩织12针长针，最后末端针眼钩6针长针，同时各加1针长针，到对面不加减针，钩织12针长针，最后

3针长针同时各加1针长针。第3圈，钩3针锁针为立针，在立针上加1针长针，下1针眼钩1针长针，接着是加针1针，钩1针的加针方法，重复1次，然后不加减针钩织12针长针，再隔1针长针加1针长针的方法重复6次，转到对面，钩织12针长针，最后是加针方法重复2次，详细请依照鞋底图解。

2.鞋面的钩法：鞋侧面，第1行沿鞋底最后1行，不加减针，钩织1圈长针，第2行不加减针，钩1圈长针，第3至第7行，鞋尖有减针，依照图解进行编织。第8起鞋面只钩6针，第7行钩外半针，来回钩织4行后收针。

3.鞋筒的钩法：用深棕色线，围绕鞋口圈钩，鞋面那6针钩织内半针不加减针，钩8行后换桃红色线钩织2圈长针后收针结束。

4.鞋筒贴片和爱心的钩法：参照图解钩爱心4个，缝合在鞋子的左右侧。贴片缝合在前中央。

结构图

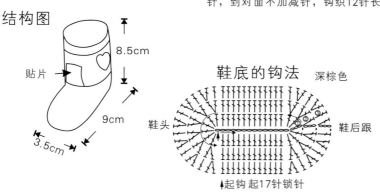

8.5cm

贴片

9cm

3.5cm

鞋底的钩法 深棕色

鞋头　　　　　　　　　　　鞋后跟

↑起钩　起17针锁针

鞋筒的贴片和爱心的钩法

桃红色

4个

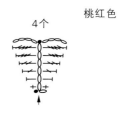

鞋面的钩法

桃红色

鞋头中线

鞋筒的钩法

围绕鞋口1圈，用紫色和桃红色毛线钩长针，每行不加减针

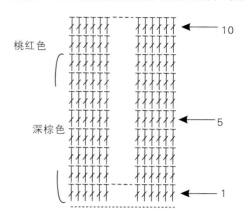

桃红色

深棕色

10

5

1

沿鞋底

作品44

【成品规格】 鞋高6.5cm，鞋宽4cm

【工　　具】 2.5mm钩针

【材　　料】 绿色毛线80g
白色纽扣4枚

编织说明：

1.鞋底的钩法：第1圈起17针锁针，返回第4针针眼插针编织2针长针，接下来是1针锁针对应1针长针，钩织12针长针，在最后1个针眼里编织6针长针，转到对面，1针锁针对应1针长针，钩织12针长针，在最后1个针眼里钩织3针长针。第2圈，起3针锁针为立针，然后在第1针锁针里插针钩1针长针，接下来2针长针各加1针长针，不加减针钩织12针长针，

最后末端针眼钩6针长针，同时各加1针长针，到对面不加减针，钩织12针长针，最后3针长针同时各加1针长针。第3圈，钩3针锁针为立针，在立针上加1针长针，下1针眼钩1针长针，接着是加针1针，钩1针的加针方法，重复1次，然后不加减针钩织12针长针，再隔1针长针加1针长针的方法重复6次，转到对面，钩织12针长针，最后是加针方法重复2次，详细请依照鞋底图解。

2.鞋面的钩法：鞋侧面，第1行沿鞋底最后1行，不加减针，钩织1圈中长针，第2行不加减针，钩1圈中长针，第3行至第5行，鞋尖有减针，依照图解进行编织。

3.鞋筒的钩法：余下的针数，从鞋外侧面开始钩织，钩至鞋面中间时，另起锁针钩中长针15针，返回钩织中长针，依照图解，不加减针，钩织7行后收针。

鞋底的钩法　绿色

鞋头

鞋后跟

↑起钩 起17针锁针

结构图

鞋筒

鞋面

6.5cm

4cm

鞋面的钩法

鞋头中线

⑤
④
③
②
①

沿鞋底

鞋筒的钩法

围绕鞋口圈钩鞋筒7行，纽扣搭位是4针的宽度

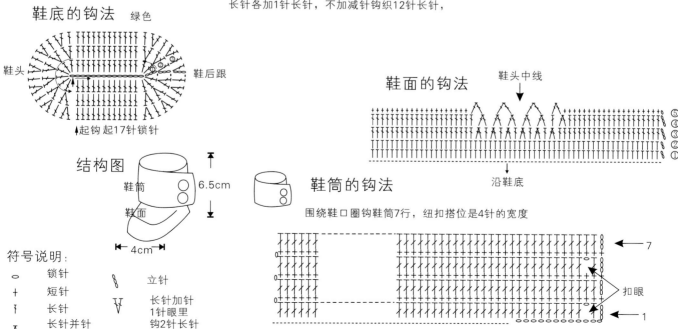

7

扣眼

1

鞋口

49 编织方法 P71、74

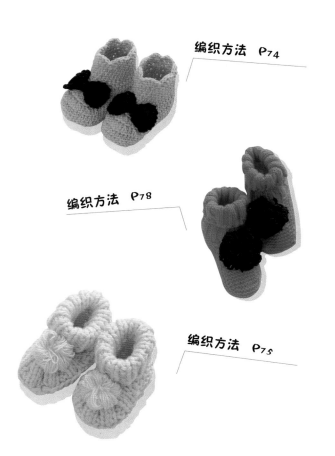

编织方法 P74

编织方法 P78

编织方法 P75

50

51

52

作品45

【成品规格】 鞋底长8cm，鞋高8cm

【工　　具】 13号棒针

【材　　料】 绿色毛线和白色毛线各50g
白色纽扣2枚

编织说明：

1.编织鞋底，绿色线起织，下针起针法，起6针，来回编织下针，形成搓板针，两边加针，2-1-3，各加2针，加成12针，不加减针，编织30行后，两边同步减针，2-1-3，余下6针，不收针，沿着鞋底边缘挑针起针，鞋侧面，每2行挑1针，用3根棒针编织圈织，织1行上针1行下针，形成搓板针，织8行，完成鞋侧面编织。

2.编织鞋面，从鞋尖挑出10针，来回编织下针，织4行后，依照图解两边加针，各加1针，织成14行，然后换白色线织，织单罗纹针，不加减针，织8行，不收针，完成鞋面编织。

3.编织鞋筒，将鞋面留下的10针与鞋侧面余下的针数，起织单罗纹针，不加减针，织24行后，收针。相同的方法去编织另一只鞋子。

4.编织鞋带并缝纽扣2枚。

结构图

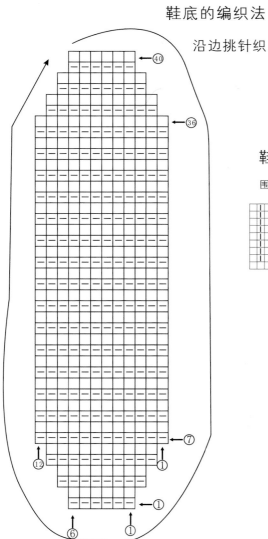

3cm

5cm

8cm

鞋底的编织法　绿色

沿边挑针织

(40)

(36)

(7)

(12)

(1)

(6)

(1)

鞋带编织法　绿色

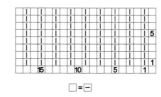

扣眼

1

15　　　　10　　　　5　　　　1

鞋筒编织法　白色

围绕鞋口编织30行单罗纹

5

1

15　　10　　　5　　　1

□=□

符号说明：

□　　上针

□=□　下针

2-1-2　　行-针-次
每2行加或减
1针，进行2次

鞋侧面编织法

绿色

围绕鞋底长1圈编织6行平针

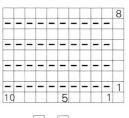

8

1

10　　　5　　　1

□=□

鞋面编织法

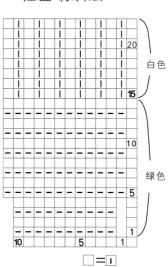

20

白色

15

10

绿色

5

1

10　　　5　　　1

□=□

作品46

【成品规格】 鞋底长10cm，鞋高8cm

【工　具】 4.0mm钩针

【材　料】 黑色毛线80g
红色毛线少许

编织说明：

1.鞋底长的钩法：第1圈起15针锁针，3针立起针，第2圈钩31针长针，3针立起针，如下

图圈钩，注意中间有短针和中长针的过渡，鞋头加针4针，鞋后跟加针3针。

2.鞋面的钩法：第1行，围绕鞋底长的第1行，不加减针挑边圈钩1行短针，第2~3行鞋头减针，每行减2针，鞋后跟不加减针。

3.鞋面半花的钩法：参照图解。

4.鞋筒的钩法：参照图解。

5.鞋筒绑带的钩法：参照图解。

结构图

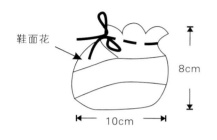

鞋面花

8cm

10cm

鞋面半花的钩法　　红色

总共钩5行，最后1行短针与鞋头相拼接

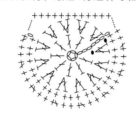

鞋底的钩法　　黑色

鞋后跟　　　　　　　　　　　　　鞋头

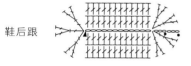

鞋筒绑带的钩法　　黑色

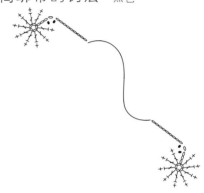

鞋面的钩法　　黑色

鞋头中线

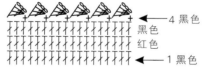

3

1

鞋筒的钩法　　黑色和红色

4 黑色

黑色
红色

1 黑色

符号说明：

符号	说明
○	锁针
+	短针
Ⳇ	长针
⋏	长针并针
	2针并为1针
⧖	立针

长针加针
1针眼里
钩2针长针

作品47

【成品规格】 鞋底长8cm，鞋高8cm

【工　具】 13号棒针

【材　料】 杏色毛线和米色毛线各50g
杏色纽扣2枚

编织说明：

1.编织鞋底，白色线起织，下针起针法，起6针，来回编织下针，形成搓板针，两边加针，2-1-3，各加2针，加成12针，不加减针，编织28行后，两边同步减针，2-1-3，余下6针，不收针，沿着鞋底边缘挑针起针，鞋侧面，每2针挑1针，用3根棒针编织圈织，

织2行上针，下1行起全织下针，第3行织21针后，开始2针并为1针，共织6次，然后织完余下针数。第2至第4行，不加减针，全织下针，第5行，织完16针下针后，开始2针并为1针，并6次，然后织下针完成，第6~8行，不加减针，织下针后收针。完成鞋侧面编织。

2.编织鞋面，用米色毛线，从鞋尖内侧挑出7针，来回编织下针，两边与鞋侧1针进行并针，不加减针，织8行后，完成鞋面编织。

3.编织鞋面连鞋筒，用米色毛线，鞋面留下的7针，重新在鞋侧面留下的针数挑出25针，与7针一起，共32针，起织单罗纹花样，不加减针，织24行后收针。

4.编织鞋带并缝纽扣2枚。

53

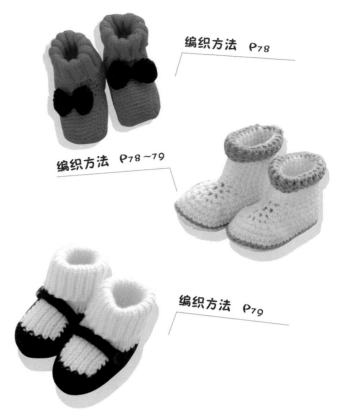

编织方法　P78

编织方法　P78～79

编织方法　P79

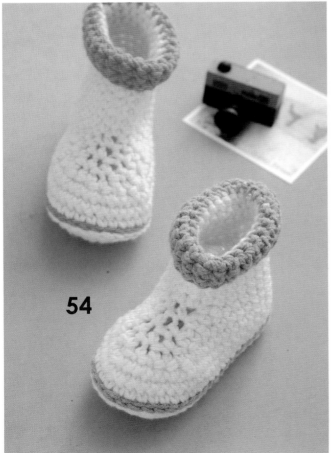

54

55

56 编织方法 P82

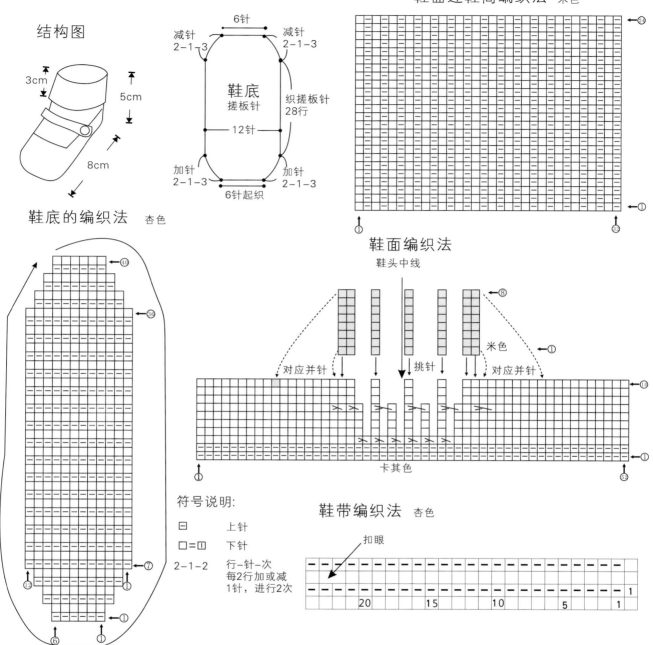

结构图

鞋面连鞋筒编织法　米色

鞋底的编织法　杏色

鞋面编织法

鞋头中线

对应并针　挑针　对应并针

米色

卡其色

符号说明:

□　上针

□=□　下针

2-1-2　行–针–次
每2行加或减
1针,进行2次

鞋带编织法　杏色

扣眼

作品48

【成品规格】鞋底长10cm,鞋高10cm

【工　　具】14号棒针

【材　　料】红色毛线100g
白色绒布条

编织说明:

1.编织鞋底,白色线起织,下针起针法,起6针,来回编织下针,形成搓板针,两边加针,2-1-3,各加2针,加成12针,不加减针,编织

28行后,两边同步减针,2-1-3,余下6针,不收针,沿着鞋底边缘挑针起针,鞋侧面,每2针挑1针,用3根棒针编织圈织。侧面共挑得40针,全织下针,不加减针,织6行后,鞋尖挑出6针,来回编织,两边与鞋侧面的1针进行并针,织12行后结束鞋面编织。

2.编织鞋面连鞋筒,鞋面6针,鞋两侧各挑8针,鞋后跟6针,鞋筒一共28针,全织下针。先用白色绒线织2行下针,再换红色线,不加减针,织12行后,红色线编织结束,收针。最后1行用白色绒线钩一圈短针。1行结束后,沿侧面钩边,接上鞋口的白色线上。引拔结束。

鞋底的编织法 红色

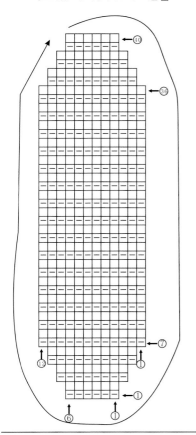

←40

←36

←7

12　　　11

①

⑥　　①

鞋面

鞋面编织法

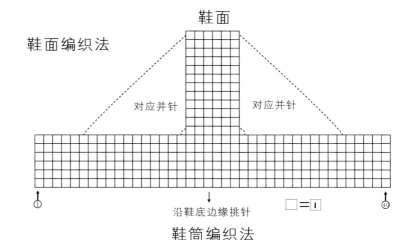

对应并针　　　　对应并针

①　　　　沿鞋底边缘挑针　　□ = Ⅰ　　40

结构图

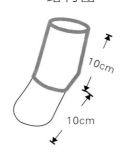

10cm

10cm

灰色线为缝合白色绒布条

鞋筒编织法

鞋面6针，鞋两侧面各挑8针，后跟6针，鞋筒
一共28针，全织下针　□ = Ⅰ

白色绒线　+ + + + + +

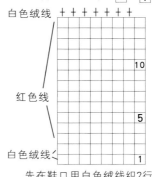

红色线　　　　　　　　　10

　　　　　　　　　　　5

白色绒线　　　　　　1

先在鞋口用白色绒线织2行下针

符号说明：

□　　上针

□ = Ⅰ　下针

2-1-2　行-针-次
　　　　每2行加或减
　　　　1针，进行2次

+　　短针

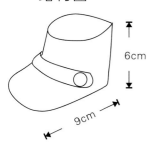

作品49

【成品规格】 鞋底长9cm，鞋高6cm

【工　具】 2.5mm钩针

【材　料】 橘色毛线80g
　　　　　军绿色毛线少许
　　　　　纽扣2枚

编织说明：

1.鞋底的钩法：第1圈起17针锁针，返回第
4针针眼插针编织2针长针，接下来是1针锁针
对应1针长针，钩织12针长针，在最后一个针
眼里钩织6针长针，转到对面，1针锁针对应
1针长针，钩织12针长针，在最后1个针眼里
钩织3针长针。第2圈，起3针锁针为立针，然
后在第1针锁针里插针钩1针长针，接下来2针
长针各加1针长针，不加减针钩织12针长针，
最后末端针眼钩6针长针，同时各加1针长

针，到对面不加减针，钩织12针长针，最后
3针长针同时各加1针长针。第3圈，钩3针锁
针为立针，在立针上加1针长针，下1针眼钩
1针长针，接着是加针1针，钩1针的加针方
法，重复1次，然后不加减针钩12针长针，再
隔1针长针加1针长针的方法重复6次，转到对
面，钩织12针长针，最后是加针方法重复2
次，详细请依照鞋底图解。

2.鞋面的钩法：鞋侧面，第1行沿鞋底最后
1行，不加减针，钩织1圈长针，第2行不加减
针，钩织1圈长针，第3行至第6行，鞋尖有
减针，依照图解进行编织，缝上2枚纽扣。

3.鞋筒的钩法：围绕鞋口起钩长针，共40
针，不加减针，钩3行长针，第4行长针在鞋
后跟中线左右对称（如下图）钩2组花样，第
5和第6行不加减针钩2行军绿色短针。用军绿
色线，起25针锁针，钩1行长针用系带。

结构图

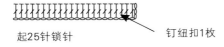

6cm

9cm

鞋带的钩法 军绿色

起25针锁针　　　　　　钉纽扣1枚

鞋底的钩法 橘色

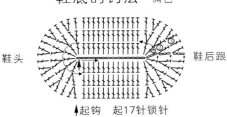

鞋头　　　　　　　　　　鞋后跟

起钩　起17针锁针

71

4

凉鞋、休闲鞋、袜套

57

编织方法 P82~83

编织方法 P83

58

鞋面的钩法 橘色

围绕鞋底长圈钩，第3~6行减针

← 5

← 1

沿鞋底最后1行

鞋筒的钩法 橘色和军绿色

军绿色

鞋筒前中线

← 6

← 1

沿鞋口

符号说明

锁针	短针加针（在1针眼里钩2针短针）	立针
短针		长针加针 1针眼里钩2针长针
长针	长针并针 2针并为1针	

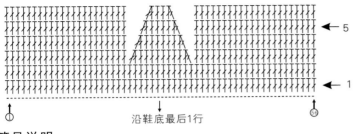

作品50

【成品规格】 鞋底长9cm，鞋宽3.5cm，鞋高8.5cm

【工　　具】 2.5mm钩针

【材　　料】 桃红色100g 黑色毛线少许

编织说明：

1.鞋底的钩法：第1圈起15针锁针，返回第4针针眼插针编织2针长针，接下来是1针锁针对应1针长针，钩织10针长针，在最后一个针眼里，钩织6针长针，转到对面，1针锁针对应1针长针，钩织10针长针，在最后一个针眼里钩织3针长针。第2圈，起3针锁针为立针，然后在第1针锁针里插针钩1针长针，接下来2针长针各加1针长针，不加减针钩织10针长

针，最后末端针眼钩6针长针，同时各加1针长针，到对面不加减针，钩织10针长针，最后3针长针同时各加1针长针。第3圈，钩3针锁针为立针，在立针上加1针长针，下1针眼里钩1针长针，接着是加针1针，钩1针的加针方法，重复1次，然后不加减针钩织10针长针，再隔1针长针加1针长针的方法重复6次，转到对面，钩织10针长针，最后是加针方法重复2次，详细请依照鞋底图解。

2.鞋面的钩法：鞋侧面，第1行沿鞋底最后1行，不加减针钩织1圈长针，第2行不加减针，钩织1圈长针，第3行起至第6行，鞋尖有减针，依照图解进行编织。第7行起不加减针，钩织鞋筒，钩织4行长针，最后1行，依照图解钩织1行扇形花样。

3.鞋面蝴蝶结的钩法：参照图解钩蝴蝶结2个，缝合在鞋面上。

结构图

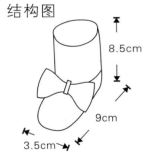

8.5cm

9cm

3.5cm

鞋底的钩法 桃红色

鞋头

鞋后跟

↑起钩 起15针锁针

符号说明：

锁针		立针
短针		长针加针 1针眼里钩2针长针
长针		
长针并针 2针并为1针		1针里钩4针长针

鞋面的钩法

鞋头中线

桃红色

鞋筒

鞋侧面

沿鞋底

鞋面蝴蝶结的钩法 黑色

5

重新起针

外围1圈逆短针

74

作品51

【成品规格】 鞋底长10cm，鞋高10cm

【工　　具】 12号棒针

【材　　料】 黄色毛线100g

编织说明：

1.编织鞋底，下针起针法，起6针，来回编织下针，形成搓板针，两边加针，2-1-3，各

加2针，加成12针，不加减针，编织28行后，两边同步减针，2-1-3，余下6针，不收针，沿着鞋底边缘挑针起针，鞋侧面，每2行挑1针，用3根棒针编织圈织，以后跟为中心，两边对称各是7针织搓板针，鞋尖部分织18针双罗纹，不加减针，织4行后，将双罗纹的2针上针并掉，留下下针，不加减针，织4行后结束鞋侧面的编织。鞋子余下24针，全织单罗纹针，不加减针，织16行后收针。

2.鞋面缝合毛绒球1个。

结构图

10cm

10cm

绒球

鞋底的编织法　黄色

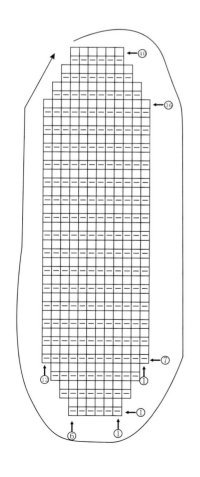

6针

减针
2-1-3

减针
2-1-3

鞋底
搓板针

织搓板针
28行

12针

加针
2-1-3

加针
2-1-3

6针起织

符号说明：

□　　上针

□=①　下针

2-1-2　行-针-次
　　　每2行加或减
　　　1针，进行2次

鞋面编织法　黄色

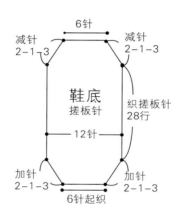

鞋尖中心

59 编织方法 P86

60

编织方法 P86～87

编织方法 P87

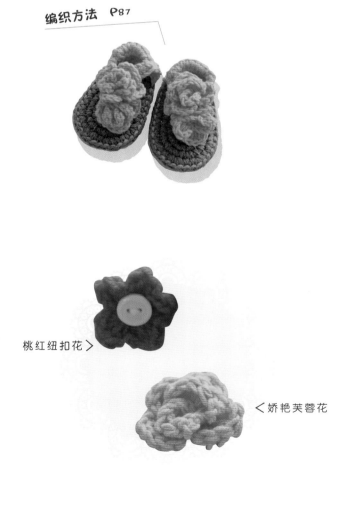

桃红纽扣花＞

＜娇艳芙蓉花

61

作品52、53

【成品规格】 鞋底长10cm，鞋高10cm

【工　　具】 12号棒针

【材　　料】 红色毛线100g
黑色毛线少许

编织说明：

1.编织鞋底，下针起针法，起8针，来回编织下针，形成搓板针，两边加针，2-1-2，各加2针，加成12针，不加减针，编织40行后，两边同步减针，2-1-2，余下8针，不收针，沿着鞋底边缘挑针起针，鞋侧面，每2行挑1针，用3根棒针编织圈织，挑出78针，圈织搓板针，即1行上针1行下针交替，不加减针，织10行。然后在鞋尖算出10针织鞋面，来回编织，当织至最后1行时，与鞋侧面的1针合并，返回时，挑出不织，这样来回编织30行后，开始编织鞋筒。余下的针数共48针，起织双罗纹花样，不加减针，织30行的高度后，收针断线。

2.鞋面蝴蝶结的钩法，参照图解，钩16行短针，每行钩6针。

结构图

10cm

10cm

符号说明：

□ 　上针

□=□ 　下针

2-1-2 　行-针-次
　每2行加或减
　1针，进行2次

+ 　短针

鞋面编织法

鞋面

沿鞋底边

鞋底的编织法 红色

挑出78针

白色

中间用黑色线圈几圈后与鞋面缝合

鞋面蝴蝶结钩法 黑色

鞋筒编织法 红色

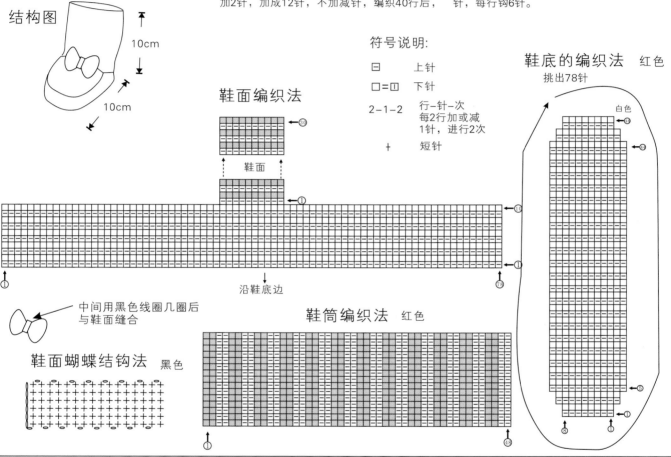

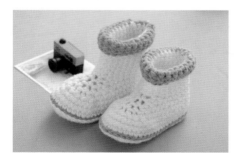

作品54

【成品规格】 鞋底长9cm，鞋宽3.5cm，
鞋高7cm

【工　　具】 2.5mm钩针

【材　　料】 白色毛线100g
灰色毛线少许

编织说明：

1.鞋底的钩法：第1圈起15针锁针，返回第2针锁针插针起钩，起钩短针，1针短针对应1针锁针钩12针短针，最后1针锁针眼里钩3短针，转到对面，1针短针对应1针锁针钩12针短针，最后一针眼里钩2针短针，这样就是两边2针锁针里各钩3针短针，往后的加针都在这3针上变化。第2圈钩1针立针为锁针，第1针里钩2短针，然后钩12针短针，尽头3针短针各加1针，转到对面，钩12短针，最后2针短针各加1针，引拔到开头立针上。第3圈，第4圈，方法与第2圈相同，依照图解编织，共织成4圈短针，总针数为48针。

2.鞋面的钩法：沿鞋底的第4圈，钩内半针，即靠近鞋内侧的那半针，钩侧面第1圈短针，不加减针，钩织4圈短针，第5圈起，鞋尖有并针，并针方法见图解，共并针4行，钩至第8行，余下的针数不加减针，钩织8行白色线的短针，再换灰色或其他颜色的线钩织2圈短针，完成后收针。用相同的方法去编织另一只鞋筒。

结构图

7cm

3.5cm 9cm

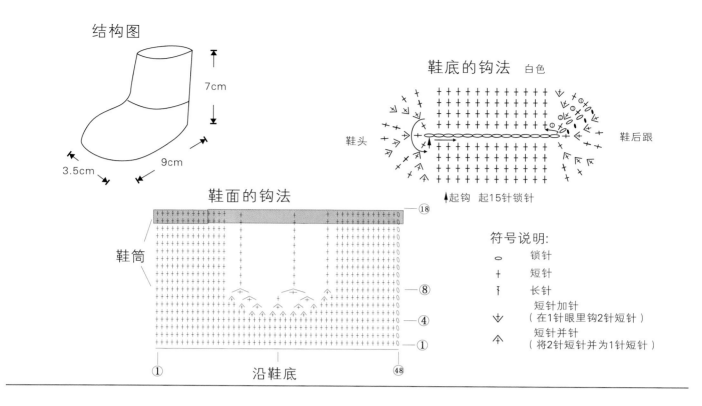

鞋底的钩法 白色

鞋头 鞋后跟

↑起钩 起15针锁针

鞋面的钩法

鞋筒

① ⑧ ④ ① ⑱

① 沿鞋底 ㊽

符号说明:
○ 锁针
十 短针
ƚ 长针
↓ 短针加针
（在1针眼里钩2针短针）
↑ 短针并针
（将2针短针并为1针短针）

作品55

【成品规格】 鞋底长8cm，鞋高8cm

【工　　具】 13号棒针

【材　　料】 白色毛线和黑色毛线各50g
黑色纽扣2枚

编织说明:

1.编织鞋底，下针起针法，起6针，来回编织
下针，形成搓板针，两边加针，2-1-3，各
加2针，加成12针，不加减针，编织28行后，

两边同步减针，2-1-3，余下6针，不收针，
沿着鞋底边缘挑针起针，鞋侧面，每2行挑
1针，用3根棒针编织圈织，共挑出52针，织
1行上针1行下针的搓板针花样，不加减针，
织8行的高度。
2.编织鞋面，用米色线，从鞋尖内侧挑出
10针，织单罗纹花样，两边与鞋侧1针进行并
针，不加减针，织12行后，完成鞋面编织。
3.编织鞋面连鞋筒，用米色线，鞋面留下的
10针，加上鞋侧面留下的30针，共40针，起
织单罗纹花样，不加减针，织30行后收针。
4.编织黑色鞋带并缝纽扣2枚。

符号说明:
▭ 上针
▢=▭ 下针
2-1-2 行-针-次
每2行加或减
1针，进行2次

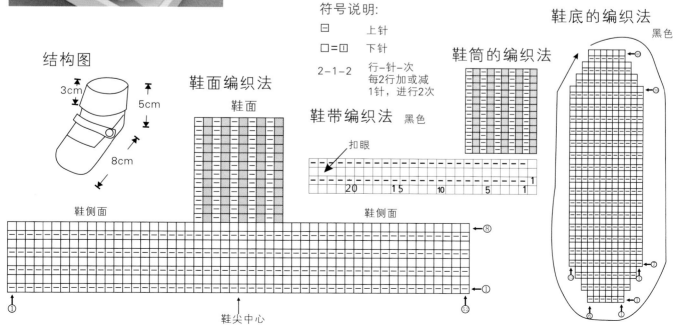

结构图

3cm 5cm

8cm

鞋面编织法

鞋面

鞋侧面

鞋尖中心

鞋带编织法 黑色

扣眼

20 15 10 5 1

鞋侧面

鞋筒的编织法

鞋底的编织法

黑色

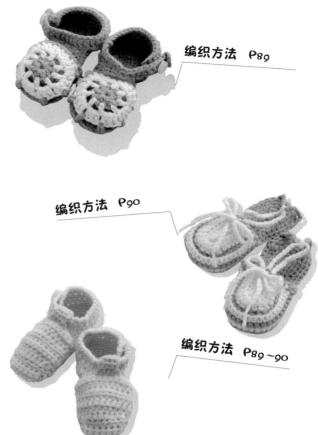

编织方法　P89

编织方法　P90

编织方法　P89～90

62

63

64

65 编织方法 P91

作品56

【成品规格】 鞋底长9cm，鞋宽3.5cm，
高7cm

【工　　具】 2.5mm钩针

【材　　料】 蓝色毛线100g
黑色纽扣4枚

编织说明：

1.鞋底的钩法：第1圈起19针锁针，返回第2针锁针插针起钩，起钩短针，1针短针对应1针锁针，钩16针短针，最后1针锁针眼里钩3针短针，转到对面，1针短针对应1针锁针，钩16针短针，最后一针眼里钩2针短针，这样就是两头2针锁针里各钩3针短针，往后的加针都在这3针上变化。第2圈钩1锁针为立针，第1针里钩2短针，然后钩16针短针，尽头3短针各加1针，转到对面，钩16针短针，最后2针短针各加1针。引拔到开头立针上。第3圈，第4圈，方法与第2圈相同，依照图解编织，共织成4圈短针，总针数为56针。

2.鞋面的钩法：沿鞋底最后1圈钩内半针，不加减针，钩56针短针，共钩织4行，第5行至第8行，鞋尖部分有并针，依照图解编织。

3.鞋筒的钩法：从鞋外侧面起钩，在鞋侧面上的针数上钩织17针后，起20针锁针，返回在第4针上插针起钩长针，来回钩织共6行，依照图解留两端各1个扣眼。

4.缝纽扣2枚。

结构图

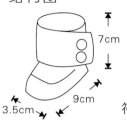

7cm
9cm
3.5cm

符号说明：

○　锁针
十　短针
ｆ　长针
ｖ　短针加针
　　（在1针眼里钩2针短针）
ｙ　短针加针
　　（将2针短针并为1针短针）
８　立针

鞋底的钩法　　蓝色

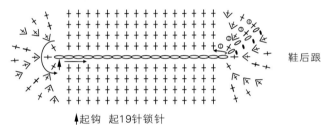

鞋头　　　　鞋后跟

起钩　起19针锁针

鞋面的钩法　　蓝色

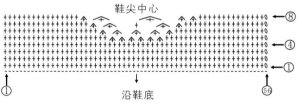

鞋尖中心

① 　　　　　　　　　 ⑧
　　　　　　　　　　 ④
　　　　　　　　　　 ①
① 　　　　　　　　　 56

沿鞋底

鞋筒的钩法　　蓝色

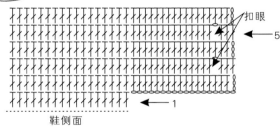

扣眼
5
1

鞋侧面

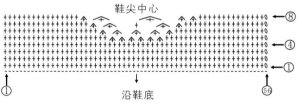

作品57

【成品规格】 鞋底长9cm，鞋宽3.5cm

【工　　具】 2.5mm钩针

【材　　料】 灰色毛线80g
白色毛线少许
纽扣4枚

编织说明：

1.鞋底的钩法：第1圈起19针锁针，返回第4针眼插针编织2针长针，接下来是1针锁针对应1针长针，钩织14针长针，在最后一个针眼里钩织6针长针，转到对面，1针锁针对应1针长针，钩织14针长针，在最后一个针眼里钩织3针长针。第2圈，起3针锁针为立针，在第1针锁针里插针钩1针长针，继续编织2针长针再各加1针长针，接下来不加减针钩织14针

长针，最后从末端最后一个针眼里钩6针长针，同时6针长针里再各加1针长针，到对面，不加减针，钩织12针长针，最后3针长针同时各加1针长针。第3圈，钩3针锁针为立针，在立针上加1针长针，下一针眼钩1针长针，接着是加针1针，钩1针的加针方法，重复1次，接着是不加减针钩14针长针，隔1针长针加1针长针的方法重复6次，转到对面，钩织14针长针，最后是加针方法重复2次，详细请依照鞋底图解。

2.鞋后跟的鞋环的钩法：在鞋底长的基础上，以鞋后跟中点为中线向上钩9行长针，对折后第9行与第1行鞋后跟起针处拼合，箭头处为2层缝合线，缝合后成孔可穿白色带子。

3.鞋带的钩法：参照图解钩鞋带3条。

4.鞋面的钩法：参照鞋面的钩法，钩鞋面2层，互相重叠缝合，缝纽扣穿带子。

结构图

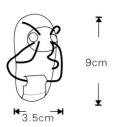

9cm

3.5cm

鞋底的钩法 白色

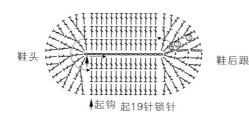

鞋头　　　　　　　　　　鞋后跟

↑起钩　起19针锁针

鞋后跟的鞋环的钩法

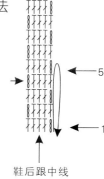

对折后第9行与第1行
鞋后跟起针处拼合，
箭头处为2层缝合线，
缝合后成孔可穿白色
带子

5

1

鞋后跟中线

鞋面的钩法 （上下2层，上层灰色，下层白色，2片重叠缝合）

灰色

白色

白色鞋带的钩法

3　　3

左右各钉纽扣1个

第1条和第2条各为17针

第3条为32针

符号说明：

○	锁针	⚮	立针
+	短针	V	长针加针
┃	长针		1针眼里
木	长针并针		钩2针长针
	2针并为1针		

作品58

【成品规格】　鞋底长9cm，鞋宽3.5cm

【工　　具】　2.5mm钩针

【材　　料】　紫色毛线各50g
　　　　　　　蓝色毛线少许
　　　　　　　黑色纽扣2枚

编织说明：

1.鞋底的钩法：第1圈起16针锁针，返回第4针针眼插针编织2针长针，接下来是1针锁针对应1针长针，钩织11针长针，在最后一个针眼里钩织6针长针，转到对面，1针锁针对应1针长针，钩织11针长针，在最后一个针眼里钩织3针长针。第2圈，起3针锁针为立针，在第1针锁针里插针钩1针长针，继续编织2针长

针再各加1针长针，接下来不加减针钩织11针长针，最后从末端最后一个针眼里钩6针长针，同时6针长针里再各加1针长针，到对面，不加减针，钩织11针长针，最后3针长针同时各加1针长针。第3圈，钩3针锁针为立针，在立针上加1针长针，下一针眼钩1针长针，接着是加针1针，钩1针的加针方法，重复1次，不加减针钩织11针长针，隔1针长针加1针长针的方法重复6次，转到对面，钩织11针长针，最后是加针方法重复2次，详细请依照鞋底图解。

2.鞋面的钩法：以鞋头中间为中线，空12针不钩，不加减针钩4行后，第5行鞋后跟减2针。钩鞋面9行长针，减针参照图解。

3.图解中蓝色线为挑拉拔针1行。

4.在鞋面缝纽扣2枚。

鞋面的钩法

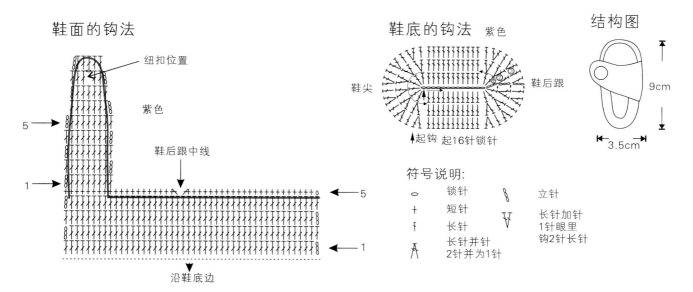

纽扣位置

紫色

5

1

鞋后跟中线

5

1

沿鞋底边

鞋底的钩法 紫色

鞋尖　　　　　　　　　　鞋后跟

↑起钩　起16针锁针

结构图

9cm

3.5cm

符号说明：

○	锁针	⚮	立针
+	短针	V	长针加针
┃	长针		1针眼里
木	长针并针		钩2针长针
	2针并为1针		

66 编织方法 P91~92

67

编织方法 P92

编织方法 P93

68

作品59

【成品规格】 鞋底长9cm，鞋宽3.5cm

【工　　具】 2.5mm钩针

【材　　料】 白色毛线80g
粉色毛线少许
白色纽扣2枚

编织说明：

1.鞋底的钩法：第1圈起17针锁针，返回第4针针眼插针编织2针长针，1针锁针对应1针长针，钩织12针长针，最后1针锁针里钩6针长针，转到对面，1针锁针对应1针长针钩织12针长针，最后一个针眼里钩织3针长针。第2圈，起1针锁针为立针，在锁针里插针钩

1针短针，钩2针长针同时各加1针短针，不加减针钩织12针短针，最后末端针眼钩6针长针，同时各加1针短针，到对面，不加减针，钩织12针短针，钩3针长针同时各加1针短针。第3圈，钩1针锁针为立针，在立针上加1针短针，下一针眼钩1针短针，接着是加针1针，钩1针的加针方法，重复1次，不加减针钩织12针短针，隔1针长针加1针短针的方法重复6次，转到对面，钩织12针短针，最后是加针方法重复2次，第4行依照图解钩织短针。详细请依照鞋底图解。钩织两层鞋底，合并为1片。

2.鞋面的钩法：鞋头留9针不钩，钩10行，每行钩9针与鞋底长缝合。

3.鞋环的钩法：参照图解。

4.鞋后跟连鞋带的钩法：参照图解。

5.缝纽扣。

结构图

9cm

3.5cm

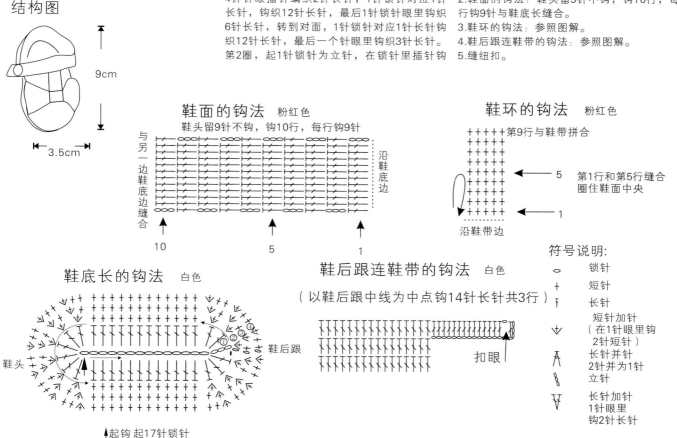

鞋面的钩法　粉红色

鞋头留9针不钩，钩10行，每行钩9针

与另一边鞋底边缝合

沿鞋底边

10　　5　　1

鞋底长的钩法　白色

鞋头　　　　　　　　　鞋后跟

起钩 起17针锁针

鞋环的钩法　粉红色

第9行与鞋带拼合

第1行和第5行缝合
圈住鞋面中央

5

1

沿鞋带边

鞋后跟连鞋带的钩法　白色

（以鞋后跟中线为中点钩14针长针共3行）

扣眼

符号说明：

○	锁针
+	短针
┬	长针
⩔	短针加针（在1针眼里钩2针短针）
⋀	长针并针2针并为1针
8	立针
⩔	长针加针1针眼里钩2针长针

作品60

【成品规格】 鞋底长9cm，鞋宽3.5cm

【工　　具】 3.5mm钩针

【材　　料】 白色毛线80g
红色、绿色、蓝色毛线少许
白色纽扣6枚

编织说明：

1.鞋底的钩法：先用米白色线钩织。锁针起针，起15针，返回第2针锁针插针钩织短针，1针短针对应1针锁针钩13针短针，最后1针针眼里钩3针短针，转到对面，1针短针对应1针锁针钩12针短针，最后末端1针针眼里钩2针短针，这样就是两头2针锁针里各钩3针短针，往后的加针都在这3针上变化。第2圈，钩1锁针为立针，第1针里钩2短针，然后钩12短针，尽头3短针各加1针，转到对面，钩12短

针，最后2针短针各加1针。引拔到开头立针上。第3圈，第4圈，方法与第2圈相同，依照图解编织，共织成4圈短针，总针数为48针。最后用漂白色线，沿边钩1圈引拔锁针。钩织2片鞋底，合并在一起。

2.鞋带的钩法：左侧边上单独钩织2行5针长针，断线。再从右侧边上挑针起钩，起3针锁针为立针，沿鞋边挑针钩织4针长针，返回再钩织1行长针，然后起钩锁针12针，引拔连接到鞋底起针处的第2行针眼里，然后返回引拔钩锁针，共4针，然后继续钩织锁针8针，再在边侧边长针行里钩织引拔锁针，然后继续钩织12针锁针，与右侧边长针行连接上，下一步织带子，起3针锁针为立针，沿起好的锁针辫子，钩织一圈长针行。

3.鞋面小花的钩法：参照图解钩小花6朵，红色、绿色和蓝色各2朵。每朵花上缝1枚纽扣。

结构图

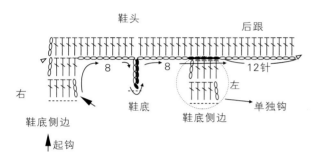

3.5cm　　9cm

鞋底的钩法　米白色

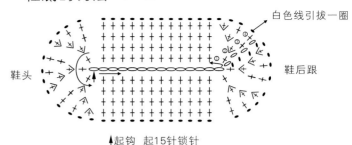

鞋头　　　　　　　　　　　　白色线引拔一圈

鞋后跟

↑起钩　起15针锁针

鞋带的钩法　白色

鞋头　　　　　后跟

8　　8　　　　12针

右

鞋底侧边　　鞋底　　鞋底侧边　　单独钩

↑起钩

鞋面小花的钩法

红色2枚，绿色2枚，蓝色2枚

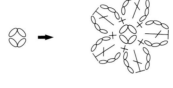

符号说明：

○	锁针
+	短针
╀	长针
↓	短针加针（在1针眼里钩2针短针）
⋀	长针并针2针并为1针　Τ=Τ 中长针
⸗	立针
⋁	长针加针1针眼里钩2针长针
⌒	引拔锁针

作品61

【成品规格】鞋底长9cm，鞋宽3.5cm

【工　　具】3.5mm钩针

【材　　料】深灰色和桃红色毛线各50g

编织说明：

1.鞋底的钩法：第1圈灰色线起钩起15针锁针，返回第2针锁针插针起钩，起钩短针，1针短针对应1针锁针钩13针短针，最后1针短针眼里钩3针短针，转到对面，1针短针对应1针锁针钩12针短针，最后1针眼里钩2针短针，这样就是两头2针锁针里各钩3针短针，往后的加针都在这3针上变化。第2圈，起1针锁针为立针，第1针里钩2短针，然后钩12针短针，尽头3短针各加1针，转到对面钩12短针，最后2针短针各加1针。引拔到开头立针上。第3圈，第4圈，方法与第2圈相同，依照图解编织，共织成4圈短针，总针数为48针。钩织2片鞋底，用玫红色线合并在一起。

2.鞋带的钩法：从鞋后跟起钩，后跟中轴右侧第5针针眼里挑针起钩3针锁针为立针，起钩8针长针，返回钩织3行长针，钩织12针锁针后，引拔连接到鞋底起针行的第2行中轴针眼里，返回钩引拔锁针，回到锁针行上，继续钩织8针锁针，引拔结束到后跟长针行上，再起3针锁针为立针，沿后跟和锁针链上钩织1圈长针。引拔结束。

3.鞋面小花的钩法：参照图解钩旋转花4朵。缝合到鞋前带子上。

结构图

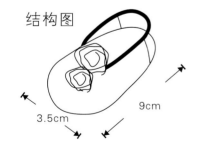

3.5cm　　9cm

符号说明：

○	锁针
+	短针
╀	长针
↓	短针加针（在1针眼里钩2针短针）
⋀	长针并针2针并为1针
⸗	立针
⋁	长针加针1针眼里钩2针长针
●	引拔锁针
Τ=Τ	中长针

鞋底的钩法　灰色

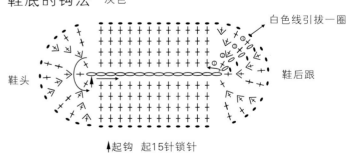

鞋头　　　　　　　　　　　白色线引拔一圈

鞋后跟

↑起钩　起15针锁针

鞋带的钩法　桃红色

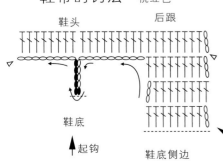

鞋头　　　　后跟

鞋底

↑起钩　　　　　鞋底侧边

鞋面小花的钩法　4朵

共有10个花瓣，起67针锁针，每钩3个花瓣加1针长针，钩完卷成旋转花。

69 | 编织方法 P93

作品62

【成品规格】 鞋底长8cm，鞋宽4cm

【工 具】 2.5mm钩针

【材 料】 灰色毛线80g
白色毛线少许
白色纽扣2枚

编织说明：

1.鞋底的钩法：第1圈起15针锁针，返回第2针锁针插针起钩短针，1针短针对应1针锁针钩13针短针，最后1针锁针眼里钩3针短针，转到对面，1针短针对应1针锁针钩12针短针，最后末端1针针眼里钩2针短针，这样就是两头2针锁针里各钩3针短针，往后的加针

都在这3针上变化。第2圈，钩1锁针为立针，第1针里钩2短针，然后钩12针短针，尽头3短针各加1针，转到对面，钩12针短针，尽头2针短针各加1针。引拔到开头立针上。第3圈，第4圈，方法与第2圈相同，依照图解编织，共织成4圈短针，总针数为48针。最后用漂白色线，沿边钩1圈引拔锁针。钩织2片鞋底，合并在一起。

2.鞋面花的钩法：鞋面花2朵，分5个步骤钩，参照图解钩编，第5个步骤与鞋底长拼合。

3.鞋后跟和鞋带的钩法：以鞋后跟中间为中线钩20针长针，钩4行，第4行延伸鞋带，缝上纽扣。

符号说明：

o 锁针
+ 短针
ｆ 长针
ｖ 短针加针
（在1针眼里钩2针短针）
8 立针
Ｗ 长针加针
1针眼里
钩2针长针
• 引拔锁针

结构图

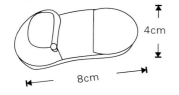

鞋底的钩法　蓝色线

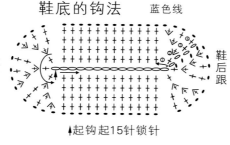

↑起钩起15针锁针

鞋头　鞋后跟

鞋后跟和鞋带的钩法　蓝色线

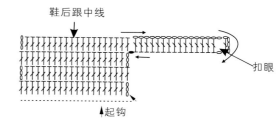

鞋后跟中线

扣眼

↑起钩

鞋面花的钩法

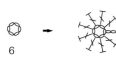

6

蓝色线

蓝色线

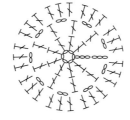

白色线

白色线

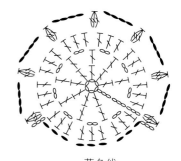

白色线

蓝色线

作品63

【成品规格】 鞋底长9cm，鞋宽4cm

【工 具】 2.5mm钩针

【材 料】 粉红色毛线100g
白色毛线少许
白色纽扣2枚

编织说明：

1.鞋底的钩法：第1圈起19针锁针，返回第2针锁针插针起钩，起钩短针，1针短针对应1针锁针钩16针短针，最后1针锁针眼里钩3针短针，转到对面，1针短针对应1针锁针钩16针短针，最后末端1针针眼里钩2针短针，

这样就是两头2针锁针里各钩3针短针，往后的加针都在这3针上变化。第2圈，钩1锁针为立针，第1针里钩2短针，然后钩16针短针，尽头3短针各加1针，转到对面，钩16针短针，末端2针短针各加1针。引拔到开头立针上。第3圈，第4圈，方法与第2圈相同，依照图解编织，共钩织4圈短针，总针数共56针。

2.鞋面的钩法：1行白色线，1行粉红色线，钩11行，参照图解加针，在鞋面中央钩鞋环6行，折回鞋内与鞋面拼接。

3.鞋后跟和鞋带的钩法：以鞋后跟中间为中线，钩20针，钩3行，在第3行钩完20针长针后钩20针短针，绕回去钩长针作为鞋带。

4.缝左右纽扣。

结构图

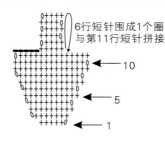

9cm

4cm

鞋面的钩法　1行白色线，1行粉红色线，钩11行

6行短针围成1个圈
与第11行短针拼接

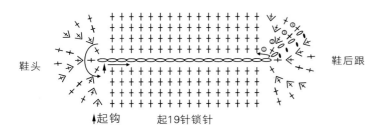

10
5
1

符号说明：

- ○ 锁针
- ＋ 短针
- ⊺ 长针
- ↓ 短针加针（在1针眼里钩2针短针）
- ⸇ 立针　　━ 引拔锁针

鞋底的钩法　粉红色

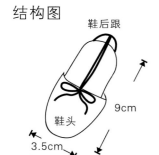

鞋头

鞋后跟

↑起钩　　起19针锁针

鞋后跟和鞋带的钩法　粉红色线，外围白色逆短针

以鞋后跟中间为中线，钩20针，钩3行，在第3行钩完20针长针后钩20针短针，绕回去钩长针作为鞋带

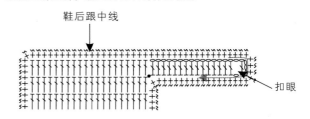

鞋后跟中线

扣眼

作品64

【成品规格】　鞋底长9cm，鞋宽3.5cm

【工　　具】　2.5mm钩针

【材　　料】　天蓝色毛线50g
　　　　　　　白色毛线少许

编织说明：

1.鞋底的钩法：第1圈起17针锁针，3针立起针，第2行圈钩35针长针，3针立起针，如下图圈钩，注意中间有短针和中长针的过渡，第3行鞋头加针4针，鞋后跟加针3针，3针立起针，如下图圈钩，鞋头加针6针，鞋后跟加针4针。

2.鞋面的钩法：参照鞋底的钩法，算出鞋头28针的位置，在这些位置上挑针起钩28针短针，蓝色线1行，然后换白色线钩织28针短针，下行起蓝色线，钩织前1行的内半针，鞋尖有减针，依照图解编织，将鞋面减针钩织4圈后，将余下的针数对称引拔缝合。

3.鞋带的钩法：钩1条32cm长的锁针链，绑住鞋后跟的点A，两端穿过鞋面结构图中所示位置。

结构图

鞋后跟

鞋头

9cm

3.5cm

鞋带的钩法　白色

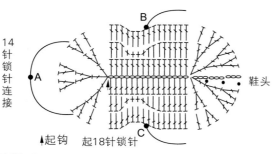

鞋底的钩法　天蓝色

14针锁针连接

B

A

鞋头

C

↑起钩　　起18针锁针

鞋面的钩法

沿鞋底边挑针起钩

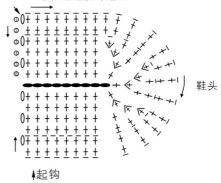

鞋头

↑起钩

符号说明：

- ○ 锁针
- ＋ 短针
- ⊺ 长针
- ↓ 短针加针（在1针眼里钩2针短针）
- ⋀ 短针加针（将2针短针并为1针短针）
- ⸇ 立针
- Ⅴ 长针加针　1针眼里钩2针长针

作品65

【成品规格】 鞋底长9cm，鞋宽3.5cm

【工　　具】 12号棒针

【材　　料】 红色毛线100g
黑色纽扣4枚

编织说明：

1.编织鞋底，编织32行，减针和加针参照图解。

2.编织鞋面，围绕鞋底长1圈编织14行平针，鞋头减针参照图解，鞋后跟不加减针。

3.在鞋后跟的基础上编织鞋带4条，并缝合4枚纽扣。

鞋面的编织法 红色

围绕鞋底长1圈编织14行平针

鞋头中线

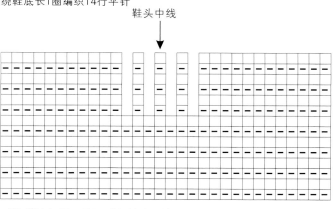

结构图

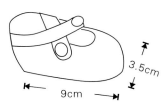

3.5cm

9cm

鞋底的编织法 红色

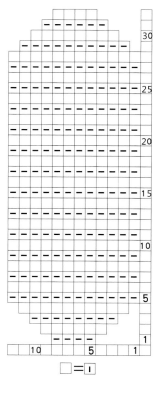

30
25
20
15
10
5
1

10　5　1

□=回

符号说明：

□　上针

□=回　下针

2-1-2　行-针-次
每2行加或减
1针，进行2次

鞋带连鞋后跟的编织法 红色

鞋后跟中线

扣眼

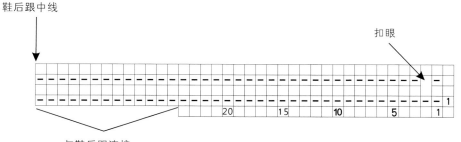

20　15　10　5　1

与鞋后跟连接

作品66

【成品规格】 鞋底长9cm，鞋宽3.5cm

【工　　具】 3.5mm棒针

【材　　料】 黑色毛线100g
白色毛线少许
白色纽扣4枚

编织说明：

1.黑色线起织，下针起针法，起6针，来回编织下针，形成搓板针，两边加针，2-1-3，各加3针，加成12针，不加减针，编织20行后，两边同步减针，2-1-3，余下6针，不收针，沿着鞋底边缘挑针起针，鞋侧面，每2行挑1针，用3根棒针编织圈织，织1行上针1行下针，形成搓板针，织8行后，完成鞋侧面编织。

2.编织鞋面，鞋头减针参照图解，鞋后跟不加减针。

3.在鞋后跟的基础上编织鞋带4条。

4.缝出鞋面图案并缝合纽扣4枚。

符号说明：

□　上针

□=回　下针

鞋带连鞋后跟的编织法

鞋后跟中线

扣眼

与鞋后跟连接

鞋面的编织法

围绕鞋底长1圈编织16行平针

鞋头中线

结构图

9cm

3.5cm

鞋底的编织法　黑色

□=□

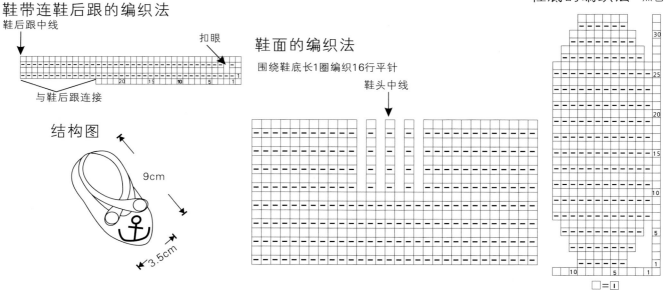

作品67

【成品规格】 鞋底长9cm，鞋宽3.5cm

【工　具】 12号棒针

【材　料】 白色和黑色毛线各50g
白色纽扣4枚

编织说明：

1.白色线起织，下针起针法，起6针，来回编织下针，形成搓板针，两边加针，2–1–3，

各加3针，加成12针，不加减针，编织20行后，两边同步减针，2–1–3，余下6针，不收针，沿着鞋底边缘挑针起针，鞋侧面，每2行挑1针，用3根棒针编织圈织，织1行上针1行下针，形成搓板针，织8行后，完成鞋侧面编织。鞋侧面织4行黑色4行白色的交替行。

2.编织鞋面，鞋头减针参照图解，鞋后跟不加减针。

3.在鞋后跟的基础上编织鞋带4条。

4.缝出鞋面图案并缝合纽扣4枚。

鞋面的编织法

围绕鞋底长1圈编织16行平针，每4行更换颜色

鞋头中线

白色

黑色

白色

黑色

结构图

9cm

3.5cm

符号说明：

□　　上针

□=□　下针

2–1–2　行–针–次
每2行加或减
1针，进行2次

鞋带连鞋后跟的编织法

鞋后跟中线

扣眼

与鞋后跟连接

鞋底的编织法　白色

□=□

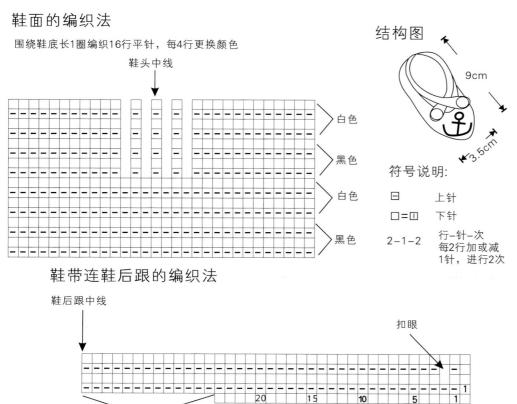

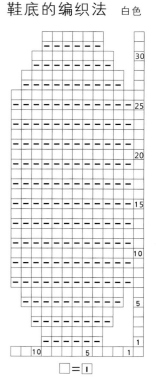

作品68

【成品规格】 鞋底长9cm，鞋宽3.5cm

【工 具】 2.5mm钩针

【材 料】 黑色毛线100g
红色毛线少许

编织说明：

1.鞋底长的钩法：第1圈起15针锁针，返回第2针锁针插针起钩，起钩短针，1针短针对应1针锁针钩12针短针，最后1针锁针眼里钩3针短针，转到对面，1针短针对应1针锁针钩12针短针，最后1针眼里钩2针短针，这样就是两头两针锁针里各钩3针短针，往后的加针都在这3针上变化。第2圈，钩1锁针为立针，第1针里钩2短针，加针，然后钩12针短针，尽头3短针各加1针，转到对面，钩12针短针，末端2针短针各加1针。引拔到开头立针上。第3圈，第4圈，方法与第2圈相同，依照图解编织，共织成4圈短针，总针数为48针。

2.鞋面的钩法：在鞋底长的基础上，不加减针圈钩1行长针，共48针，参照图解，鞋头钩内长针与外钩长针的交替编织，其他钩短针。侧面共织7行。

3.鞋带和小花的钩法：参照图解，用锁针钩鞋带，用红色毛线和蓝色毛线钩小花。

符号说明：

○	锁针
+	短针
╀	长针
⋀	长针并针 2针并为1针
8	立针
V	长针加针 1针眼里钩2针长针

小花的钩法

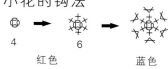
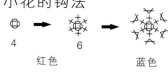

4 红色   6 蓝色

鞋底的钩法 蓝色

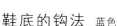
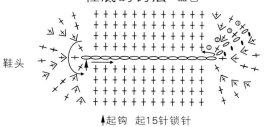

鞋头   鞋后跟

↑起钩 起15针锁针

鞋面的钩法

鞋头中线 （钩7行）

内钩长针   内钩长针

沿鞋底边

鞋带的钩法

系小花1朵

结构图

9cm

3.5cm

作品69

【成品规格】 鞋底长9cm，鞋宽3.5cm，鞋高7cm

【工 具】 2.5mm钩针

【材 料】 红色和白色毛线各60g

编织说明：

1.鞋底的钩法：第1圈起17针锁针，3针立起针，第2圈钩35针长针，3针立起针，如下图圈钩，注意中间有短针和中长针的过渡，第3圈鞋头加针4针，鞋后跟加针3针，3针立起针，如下图圈钩，鞋头加针6针，鞋后跟加针4针。

2.鞋面的钩法：共钩5行，第4~5行鞋头钩长针并减针。

3.鞋筒的钩法：共钩10行短针，参照图解减针。

4.鞋舌的钩法：参照图解。

5.钩绑带作为鞋带，用拉拔针钩出鞋孔形状。

鞋筒的钩法 红色

鞋后跟中线

←10
←5
←1

鞋面的钩法 白色

鞋头中线

←5 白色
←1 红色

鞋舌的钩法 红色

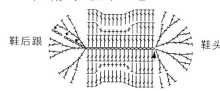

结构图

7cm
3.5cm   9cm

鞋底的钩法 白色

鞋后跟   鞋头

黑色粗线钩锁针链作为绑带

灰色线为白色拉拔针1行

符号说明：

○	锁针	⋀	短针并针 （2针短针并为1针短针）	8	立针
+	短针	⋀	长针并针 2针并为1针	V	长针加针 1针眼里钩2针长针
╀	长针				

5 钩针针法
Knitting Needle

T = 长针

①钩出起针段。挂线后将钩针插入第5针的针圈，并拉出1个针圈。

②再挂线，依箭头方向钩出线圈。

③再挂线，依箭头方向钩出线圈。

④完成的形状。

⫯ = 长长针

①钩出起针段。绕两圈线，将钩针插入第6针的针圈，并钩出线圈。

②钩针挂线，依箭头方向钩出线圈。

③再挂线，依箭头方向钩出线圈。

④挂线后依箭头方向钩出线圈。

⑤完成的形状。

✙ = 短针

①依箭头方向插入第1针的针圈，将线往后钩。
（挂在食指上的线 / 立1针 / 起针）

②钩出1针后再挂线，并依箭头方向钩出第2针。

③完成的形状。

T = 中长针

①先绕1圈线再依箭头方向插入第3针的针圈，将线往后钩出。
（立2针 / 起针）

②挂线，依箭头方向钩出线圈。

③完成的形状。

Ⅴ = 短针2针的加针

①在同一个地方，钩2针短针。

②完成的形状。

⫯ = 逆短针

①依箭头方向插入钩针。

②挂线后依箭头方向钩出线圈。

③再挂线，依箭头方向钩出线圈。

④完成的形状。

∞∞∞ = 锁针

①绕线钩出线圈。

②再绕线钩出线圈。

③钩出所需的针数。

●●● = 引拔针

①依箭头方向插入钩针。

②挂线后依箭头方向一次钩出线圈。

③完成的形状。

X = 内钩短针

①从正面沿着箭头方向插入钩针。

②钩短针。

③完成的形状。

Ｆ = 内钩长针

①针上绕线，然后依箭头方向插入第3针的针圈，将线往后钩出。

②挂线，依箭头方向钩出线圈。

③完成的形状。

⅋ = 外钩长针

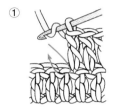

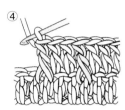

①挂线，依箭头方向插入钩针。　②沿着箭头方向钩线。　③每次钩2个线圈，并连续钩2次。　④完成的形状。

⅋ = 长针3针的枣形针

①挂线，只引拔2个线圈。

✗ = 逆长针交叉针

①用长针钩法钩线。　②从背面向前1针插入钩针。　③接着，用长针钩法钩线。　④完成的形状。

②在一个地方重复钩3次，然后1次引拔。

⊕ = 长针5针的圆锥针

①用长针针法钩编。　②同一入针处钩5针长针。　③挂线后依箭头方向钩线。　④重新挂线，钩1针锁针。　⑤完成的形状。

③完成的形状。

✗ = 长针交叉针

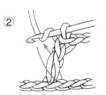
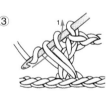

①用长针针法钩编。　②挂线后向前1针插入钩针。　③钩2个线圈。　④再次钩2个线圈。　⑤完成的形状。

∧ = 短针2针并1针

①依箭头方向插入钩针。

②钩出1针，然后从侧面的孔插入钩针。

③挂线后钩线。

③挂线后1次钩3个针圈。

④完成的形状。

✗ = 短针的圆筒钩法（单面钩织）

①在第1针内插入钩针，然后挂线从第1针钩线。　②钩1针锁针，然后向锁针孔内插入钩针。　③挂线后钩线。　④完成的形状。

± = 短针的双面钩织

①翻转织片。

②向锁针孔内插入钩针。

③挂线后钩线。

④再翻转织片。　⑤用短针手法钩线。

⑥完成的形状。

6 钩针起针法

1. 锁针（辫子针）起针

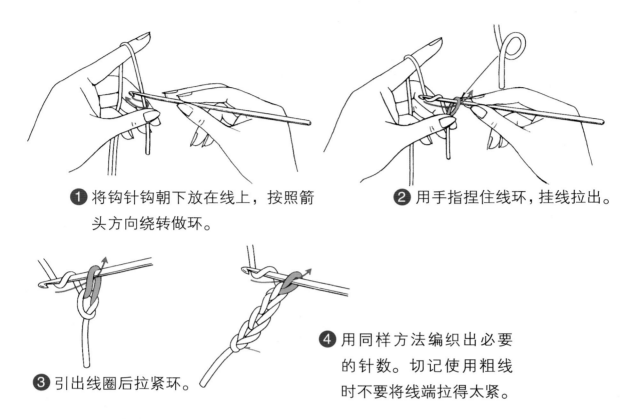

❶ 将钩针钩朝下放在线上，按照箭头方向绕转做环。

❷ 用手指捏住线环，挂线拉出。

❸ 引出线圈后拉紧环。

❹ 用同样方法编织出必要的针数。切记使用粗线时不要将线端拉得太紧。

2. 环形起针

想编织紧实的中心时可以使用这种最为简单的起针方法，最开始的环的大小很关键。抽紧线端后移至下行时要注意，如果将线端编入 1 针就很容易松散，因此，应如下图所示进行编织。

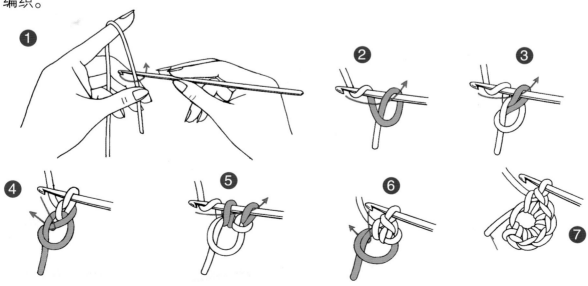